中等职业学校教学用书
计算机课程改革实验教材系列

Word 2010 实用教程

蔡燕　主编

电子工业出版社
Publishing House of Electronics Industry
北京·BEIJING

内 容 简 介

本书根据中等职业教育的特点，结合计算机教学的实践，采用任务教学的方法介绍了 Word 2010 的基本应用。全书共 8 个模块，首先介绍 Word 2010 的基本功能，然后采用任务引领的方法介绍文本编辑、格式设置、图文混排、高级编辑、长文档编辑、页面设置与打印的具体应用和相关知识点，最后通过综合应用全面地展示 Word 2010 的文档处理技巧等。

本书内容丰富，知识新颖，注重理论和实例相结合，可供中等职业学校计算机及相关专业的学生使用，也可作为文秘与行政办公人员的参考教材和各类计算机培训班的入门教材。

未经许可，不得以任何方式复制或抄袭本书之部分或全部内容。
版权所有，侵权必究。

图书在版编目（CIP）数据

Word 2010 实用教程 / 蔡燕主编. —北京：电子工业出版社，2014.8
计算机课程改革实验教材系列
ISBN 978-7-121-23805-5

Ⅰ.①W... Ⅱ.①蔡... Ⅲ.①文字处理系统－中等专业学校－教材 Ⅳ.①TP391.12

中国版本图书馆 CIP 数据核字（2014）第 152660 号

策划编辑：关雅莉
责任编辑：关雅莉　　特约编辑：郭　惠
印　　刷：三河市兴达印务有限公司
装　　订：三河市兴达印务有限公司
出版发行：电子工业出版社
　　　　　北京市海淀区万寿路 173 信箱　邮编：100036
开　　本：787×1 092　1/16　印张：9.5　字数：243.2 千字
版　　次：2014 年 8 月第 1 版
印　　次：2022 年 5 月第 10 次印刷
定　　价：20.00 元

凡所购买电子工业出版社图书有缺损问题，请向购买书店调换。若书店售缺，请与本社发行部联系，联系及邮购电话：（010）88254888，88258888。
质量投诉请发邮件至 zlts@phei.com.cn，盗版侵权举报请发邮件至 dbqq@phei.com.cn。
本书咨询联系方式：（010）88254617，luomn@phei.com.cn。

前　言

为适应中等职业学校课程改革的需要，根据教育部《中等职业学校专业目录（2010年修订）》中"信息技术类"专业课程方案的要求，编写了本书。本书是计算机应用方向的专业基础课程的教材。

Word 2010作为Office 2010办公软件的最常用组件之一，在文本编辑、格式设置、图文混排等方面具有强大的功能，是计算机应用中不可缺少的工具之一，也是计算机应用专业的必修课程和学生应掌握的基本技能之一。

本教材采用模块教学、任务教学的方法，从实用角度出发，以循序渐进的方式，由浅入深地介绍了Word 2010的基本操作和实际应用，先讲解基本的知识要求，然后通过任务对所涉及的知识点进行全面讲解，既帮助读者进一步掌握和巩固基本知识，又能快速提高综合应用的实践能力，使学生的学与做、理论与实践达到有机的统一，真正达到"在做中学，在学中做"的目的，对提高学生的动手操作能力和实践技能具有针对性，这也是本书特色之处。

本书由山东大学蔡燕主编，段欣主审，德州市第二职专贾庆文、菏泽信息工程学校高贤凤和齐河县职专段好强参编。

由于编者水平有限，书中难免存在不妥之处，欢迎广大读者批评指正。

编　者
2014年7月

目　录

模块一　认识 Word 2010 ··· (1)
  任务 1　自定义 Word 2010 的快速访问工具栏 ··· (1)
    1.1　Word 2010 基础知识 ··· (2)
  任务 2　创建 Word 文档 ·· (6)
    1.2　Word 文档的基本操作 ·· (7)
  任务 3　浏览 Word 文档 ·· (13)
    1.3　Word 2010 视图模式 ··· (13)
  上机实训 1 ··· (15)

模块二　文本的输入与编辑 ··· (16)
  任务 4　制作讲座通知 ·· (16)
    2.1　在文档中输入文本 ··· (17)
  任务 5　编辑会议记录 ·· (21)
    2.2　文本的编辑 ·· (22)
  上机实训 2 ··· (28)

模块三　文档的格式设置 ·· (29)
  任务 6　编排邀请函 ·· (29)
    3.1　设置字符格式 ·· (30)
    3.2　设置段落格式 ·· (33)
  任务 7　制作一份电子报刊 ·· (36)
    3.3　设置项目符号和编号、边框与底纹 ·· (38)
    3.4　设置文档分栏、首字下沉 ·· (40)
    3.5　设置中文版式 ·· (42)
  上机实训 3 ··· (44)

模块四　文档的图文混排 ·· (48)
  任务 8　制作宣传单 ·· (48)
    4.1　在文档中使用图片、剪贴画 ··· (51)
  任务 9　制作贺卡 ·· (56)
    4.2　在文档中使用艺术字 ·· (59)
  任务 10　制作流程图 ·· (60)
    4.3　在文档中使用图形和文本框 ··· (62)
  任务 11　制作学校组织结构图 ··· (64)

  4.4 插入与编辑 SmartArt 图形 ·· (67)

 任务 12 制作成绩表 ·· (68)

  4.5 创建表格 ··· (71)

  4.6 编辑表格 ··· (73)

  4.7 表格的其他应用 ·· (79)

 上机实训 4 ·· (82)

模块五 文档的高级编排 ·· (84)

 任务 13 制作数学试卷 ·· (84)

  5.1 插入公式 ··· (86)

  5.2 撰写博文 ··· (88)

 任务 14 制作公司面试通知单 ·· (90)

  5.3 域 ··· (92)

  5.4 邮件合并 ··· (95)

 上机实训 5 ·· (98)

模块六 长文档编辑与管理 ·· (99)

 任务 15 为论文创建目录 ·· (99)

  6.1 使用样式 ·· (101)

  6.2 使用大纲视图组织文档 ··· (104)

  6.3 使用目录 ·· (107)

  6.4 使用脚注与尾注 ··· (109)

  6.5 使用索引 ·· (110)

  6.6 使用书签 ·· (111)

  6.7 使用导航 ·· (112)

 上机实训 6 ··· (113)

模块七 页面设置与打印输出 ··· (114)

 任务 16 设置并打印"我的假期计划" ·· (114)

 任务 17 设置并打印"个人简历" ·· (115)

  7.1 页面设置 ·· (117)

  7.2 页眉、页脚和页码的设置 ·· (121)

  7.3 打印文档 ·· (124)

 上机实训 7 ··· (128)

模块八 Word 2010 综合应用 ·· (129)

 任务 18 制作节目单 ·· (129)

 任务 19 设置并打印"荷塘月色" ·· (133)

 任务 20 制作丰富多彩的 CD 封面 ·· (137)

 任务 21 设计自己班级的宣传页 ··· (140)

 综合实训 ··· (145)

模块一

认识 Word 2010

　　Word 2010 是 Microsoft 公司在 2010 年推出的 Office 2010 系列软件中的重要组件之一,是目前办公领域使用最广泛的文字处理与编辑软件,使用它可以迅速、轻松地编辑各种办公文件和制作图文并茂的电子文档。Word 2010 采用了全新的操作界面,使操作更直观、更方便。

　　本模块主要介绍 Word 2010 的基础知识。通过本模块的学习,能够掌握启动与退出 Word 2010 的方法,熟悉其工作界面各组成元素的作用,独立进行 Word 文档的新建、保存、打开和关闭,根据需要在编辑、浏览 Word 文档时切换到合适的视图模式。

 任务 1　自定义 Word 2010 的快速访问工具栏

任务描述

　　启动 Word 2010 后,在快速访问工具栏区添加"新建"、"打开"、"打印预览和打印"、"页眉和页脚"按钮,添加完毕后,再从快速访问工具栏中删除"页眉和页脚"按钮。

任务解析

本次任务,需要达到以下目的:
➢ 掌握 Word 2010 的启动方法;
➢ 熟悉 Word 2010 的操作界面;
➢ 认识"快速访问工具栏",能根据需要在快速访问工具栏中熟练添加、删除按钮。

　　本次任务的操作步骤如下:
　　(1)单击任务栏左侧的"开始"按钮,然后依次单击"开始"菜单中的"所有程序→Microsoft Office→Microsoft Word 2010"选项(或双击桌面的 Word 2010 快捷方式),启动 Word 2010 程序。
　　(2)在窗口左上角找到区域 ,该区域称为"快速访问工具栏",目前只有"保存"、"撤销"和"恢复"三个按钮,单击该工具栏右侧按钮 ,在弹出的下拉列表框中单击"打印预览和打印"选项,使该项前面复选框中出现"√",即选定了该项,这时可以看到"打印预览和打印"按钮 被添加到了快速访问工具栏区。采用相似的操作,依次添加"新建"、"打开"按钮。
　　(3)单击快速访问工具栏右侧按钮 ,在弹出的下拉列表框中选择"其他命令"选项,如图 1-1 所示,弹出"Word 选项"对话框,

图 1-1　自定义快速访问工具栏

如图 1-2 所示。

图 1-2 "Word 选项"对话框

（4）对话框的右侧窗格为"自定义快速访问工具栏"选项面板，单击"从下列位置选择命令"处的下拉三角按钮，选择"插入选项卡"选项，然后在中间窗格的列表框中选择"页眉和页脚"选项，单击"添加"按钮，该选项被添加到右侧的列表框中。单击"确定"按钮，则"页眉和页脚"按钮被添加到快速访问工具栏区。

（5）在快速访问工具栏区右击"页眉和页脚"，在弹出的快捷菜单中选择"从快速访问工具栏删除"命令，即可将该按钮删除。也可单击该工具栏右侧按钮，在弹出的下拉列表框中再次单击需删除的选项，即可在快速访问工具栏区删除该按钮。

（6）在"Word 选项"对话框中，单击右下方的"重置"按钮，弹出一个列表，如图 1-3 所示。

（7）单击"仅重置快速访问工具栏"选项，会弹出一个提示框，如图 1-4 所示。单击"是"按钮后，即可将"快速访问工具栏"恢复到原始状态。

图 1-3 "Word 选项"对话框中"重置"列表　　　　图 1-4 "重置自定义"提示框

1.1 Word 2010 基础知识

1. 启动 Word 2010

启动 Word 2010 的常用方法有如下三种。

（1）单击任务栏左侧的"开始"按钮，在弹出的菜单中选择"所有程序→Microsoft Office→Microsoft Word 2010"，可启动 Word 2010。

（2）双击桌面上的 Word 2010 快捷方式图标，可启动 Word 2010。若桌面上没有 Word 2010 快捷方式图标，可依次单击"开始→所有程序→Microsoft Office"，找到"Microsoft Word

2010",右击选择"发送到→桌面快捷方式",可在桌面上创建快捷方式图标。

(3)双击已创建的扩展名为.docx 的 Word 文档可启动 Word 2010,并打开相应的 Word 文档内容。

2. Word 2010 工作界面

Word 2010 工作界面主要由标题栏、功能区、文档编辑区和状态栏组成,如图 1-5 所示。

● 图 1-5 Word 2010 工作界面

(1)标题栏

标题栏在 Word 2010 工作界面最上面,用于显示正在操作的文档名称及程序名称,主要包含以下内容,如图 1-6 所示。

● 图 1-6 Word 2010 标题栏

① 快速访问工具栏

位于标题栏左侧,默认的有"保存"、"撤销"和"恢复"三个操作按钮,可根据需要对其进行添加或更改。单击快速访问工具栏右侧的 按钮,在展开的列表中,可将频繁使用的工具按钮添加到快速访问工具栏中,也可以单击列表中的"其他命令",在打开的"Word 选项"对话框中自定义快速访问工具栏。

自定义快速访问工具栏还可通过功能区"文件"选项卡实现。单击"文件"选项卡,选择"选项"按钮,可打开"Word 选项"对话框,单击左侧窗格列表中的"快速访问工具栏"选项,如图 1-7 所示,可进入自定义快速访问工具栏界面,进行相应的自定义操作。

② 文档和软件名称

显示当前编辑的文档名称及程序名称。

③ 窗口控制按钮

可分别对 Word 2010 的窗口执行最小化、最大化/还原和关闭操作。

（2）功能区

与 Word 2003 相比，Word 2010 最明显的变化就是取消了传统菜单，而代之以各种功能区。它位于标题栏的下方区域，又称为功能选项卡区，Word 2010 大部分操作按钮都分布在这个区域相对应的选项卡中。当单击各选项卡标签时，会切换到与之相对应的功能区面板。各选项卡标签依次是"文件"、"开始"、"插入"、"页面布局"、"引用"、"邮件"、"审阅"、"视图"和"加载项"。每个选项卡根据功能的不同分为若干个组，每一组由不同功能的按钮组成，如图 1-8 所示。当前显示的是"开始"功能选项卡。

图 1-7 "Word 选项"对话框

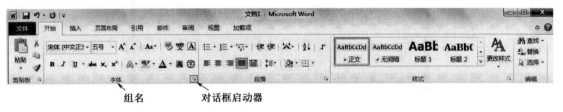

图 1-8 Word 2010 功能区

"开始"功能选项卡由"剪贴板"、"字体"、"段落"、"样式"和"编辑"五个组组成，大多数组的右下角会有一个小图标，称为"对话框启动器"按钮，单击该按钮可打开相应的对话框或任务窗格以进行更详细的设置。如单击"字体"组的"对话框启动器"按钮，可打开"字体"设置对话框，在其中可进行字体格式的设置，如图 1-9 所示。

（3）文档编辑区

位于功能选项卡的下侧，即 Word 2010 工作界面的空白区域，所有关于文本编辑的操作都在该区域完成。在文档编辑区中有一个闪烁的光标，用于显示当前文档正在编辑的位置。

当文档内容过长，不能完全显示在窗口中时，在文档编辑区的右侧和下方会出现垂直滚动条和水平滚动条，通过拖动滚动条可显示文档其他内容。

图 1-9 "字体"设置对话框

在文档编辑区的右上角、垂直滚动条的上方有一个"标尺"按钮，若当前窗口中标尺未显示，单击该按钮可显示，再次单击可隐藏标尺。标尺分水平标尺和垂直标尺，用于设置段落缩进及指示字符在页面中的位置等。

Word 2010 新增加了"浮动工具栏"，当 Word 2010 文档中的文字处于选中状态时，如果将鼠标指针移到被选中文字的右侧位置，将会出现一个半透明状态的"浮动工具栏"。该工具栏中包含了常用的设置文字格式的命令，如设置字体、字号、颜色、居中对齐等命令。将鼠标指针移动到"浮动工具栏"上将显示这些命令，从而方便设置文字格式，如图 1-10 所示。

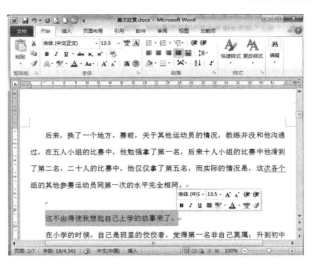

图 1-10　Word 2010 "浮动工具栏"

若不想显示"浮动工具栏",可在"文件"选项卡中关闭,具体操作如下:

单击"文件"选项卡,选择"选项"按钮,打开"Word 选项"对话框,如图 1-11 所示。

图 1-11　"Word 选项"对话框中"常规"列表项部分内容

在该对话框的右侧窗格中有一项"选择时显示浮动工具栏"选项,目前该项处于选定状态,单击其前面的"√",使该项处于未选定状态,单击右下角的"确定"按钮,则选定文字后,被选文字的右侧不再显示"浮动工具栏"。

(4)状态栏

状态栏位于 Word 2010 窗口最下方,主要用于显示与当前工作有关的信息,如"页面"、"字数"、"插入与改写切换"等按钮,可显示出当前页码、总页数、该文档总字数及插入改写状态等。默认的是"插入"状态,可通过按键盘上的【Insert】键进行"插入"与"改写"状态的切换。在状态栏的右侧还有一组用于切换 Word 视图模式的按钮及缩放视图的滑块,用于视图的切换及显示比例的调节,如图 1-12 所示。

图 1-12　Word 2010 状态栏

3. 退出 Word 2010

退出 Word 2010 的方法有以下三种:

(1)在功能区中选择"文件"选项卡,单击左侧窗格的"退出"选项,选择"退出"命令后,如果编辑的文档未被保存,系统会弹出一个提示框询问用户是否保存文档。单击"保存"按钮可保存文档并退出;单击"不保存"按钮,不保存文档退出程序;单击"取消"

按钮，则不退出 Word 2010，重新回到 Word 文档编辑状态。

（2）单击 Word 2010 窗口标题栏最右侧的"关闭"按钮 ，若编辑的文档未被保存，会弹出（1）中一样的提示框，选择"保存"或"不保存"按钮后可关闭当前打开的文档并退出 Word 2010。

（3）在打开的 Word 2010 窗口中单击窗口标题栏最左侧的"软件标识"按钮 ，在弹出的菜单中选择"关闭"命令后，弹出与（1）中一样的提示框，可根据（1）的方法进行操作。

任务 2 创建 Word 文档

任务描述

根据素材提供的文档内容为"好走的都是下坡路.docx"来新建一个 Word 文档，保存文件名为"励志.docx"，保存位置为 D 盘的根目录。

任务解析

本次任务，需要达到以下目的：
- 学会根据现有文档建立新文档；
- 能够根据要求选择保存位置、输入保存文件名，完成"保存"操作。

本次任务的操作步骤如下：

（1）启动 Word 2010，单击"文件"选项卡标签，选择"新建"选项，右侧会出现"可用模板"列表框，在其中找到"根据现有内容新建"并单击，如图 1-13 所示。

（2）打开"根据现有文档新建"对话框，如图 1-14 所示，选择文档所在位置"模块一→素材集"，找到文档"好走的都是下坡路.docx"，单击右下角"新建"按钮，则新建了一个文档，内容为"好走的都是下坡路.docx"文档内容。

（3）单击"快速访问工具栏"中的"保存"按钮 ，打开"另存为"对话框，如图 1-15 所示。

▶ 图 1-13 用模板新建文档

▶ 图 1-14 "根据现有文档新建"对话框　　▶ 图 1-15 "另存为"对话框

（4）选择文档保存位置。若单击图中左侧窗格中的"桌面"，则选择文档的保存位置为"桌面"。如果保存位置为某个磁盘的某个文件夹，则选择图中"计算机"下的 C 盘或 D 盘单击，在右侧窗格即箭头所指处，会显示磁盘中的文件夹与文件，选择文件夹后双击打开，则选择的保存位置会显示在图中 ▶ 库 ▶ 文档 ▶ 处。在本任务中只需单击"磁盘 D"即可选择保存位置为 D 盘的根目录。

（5）选择文档保存类型。Word 2010 的保存类型默认为"Word 文档（*.docx）"，即保存文档的扩展名为".docx"。

（6）输入保存文档名。在图中"文件名"处输入文件名"励志"，单击"保存"按钮，则创建并保存好任务要求的 Word 2010 文档。

1.2　Word 文档的基本操作

Word 文档的基本操作主要包括新建文档、保存文档、打开文档及关闭文档等操作。

1. 新建文档

（1）新建空白文档

启动 Word 2010 后，系统会自动创建一个空白文档，可直接在文档编辑区输入文档内容。若需再次新建一个空白文档，可用以下几种方法。

① 使用【Ctrl+N】组合键，可新建一个文档。

② 单击快速访问工具栏的"新建"按钮，可新建一个文档。

③ 单击"文件"选项卡标签，选择"新建"选项，在中间窗格的"可用模板"列表框中出现"空白文档"图标，单击右侧"创建"按钮，如图 1-16 所示，可创建一个空白文档。

（2）根据模板创建文档

Word 2010 中提供若干模板文档，用于辅助用户快速新建不同类型的文档，模板中定义了文档的样式和内容轮廓等。可在中间窗格的"可用模板"列表框中选择模板类型，如单击"样本模板"选项，打开"样本模板"界面，在其中选择"平衡报告"模板后，再在右侧"文档"、"模板"单选按钮中选择"文档"，最后单击右下方的"创建"按钮，如图 1-17

所示，按该模板创建一个具有特定样式和内容的文档。

图 1-16 创建空白文档

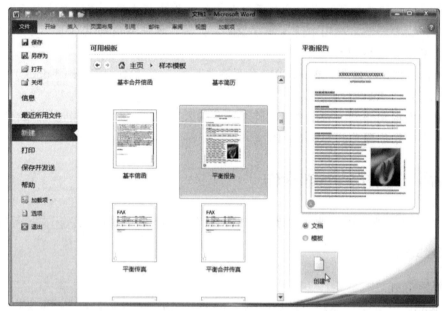

图 1-17 根据模板创建文档

若选择"Office.com 模板"列表框中的模板，系统会自动从网上搜索下载，然后可根据需要选择合适的模板以创建新文档。

2．保存文档

（1）保存新建文档

保存文档是指将文档内容以文件形式存储到磁盘中。Word 文档编辑完后，需要进行保存，以备日后使用，保存的方法可有以下几种：

① 单击快速访问工具栏的"保存"按钮 ；

② 单击"文件"选项卡，选择"保存"选项；

③ 使用【Ctrl+S】组合键。

当新建文件第一次执行"保存"操作后，会弹出"另存为"对话框，如图 1-18 所示。在左侧窗格中单击欲保存文档的磁盘，双击打开右侧窗格中需要保存文档所在的文件夹，则会在 ▶ 库 ▶ 文档 ▶ 处显示文档所保存的路径，在"文件名（N）"输入框中输入文件名，"保存类型（T）"中默认的保存类型为"Word 文档（*.docx）"，单击"保存"按钮后，则保存为一个扩展名为".docx"的 Word 2010 文档。

图 1-18 "另存为"对话框

为了保证 Word 2010 的向下兼容性，在"保存类型"输入框中单击右侧下拉按钮，打开下拉列表，选择类型"Word 97-2003 文档（*.doc）"，可使该文档能在 Word 早期版本中打开和使用。

（2）保存已有文档

若文档已被保存过，再次执行保存操作时，不会再打开"另存为"对话框，系统会自动把该文档的最新内容以原有的路径和文件名保存下来，覆盖原文档。

有时需要保存修改编辑后的文档，又想保留一份原有的文档或转换成不同类型的文档进行保存，就可以单击"文件"选项卡，选择"另存为"选项，在打开"另存为"对话框中重新设置文档的保存位置、文件名及保存类型，即可将原文档另存一份。

（3）设置自动保存

① 恢复文档

Word 2010 具有自动保存文档及恢复的功能，在编辑文档的过程中，当遇到系统死机、断电、非法操作等意外情况使 Word 程序意外关闭时，若再次启动 Word，在文档编辑窗口的左侧会出现"文档恢复"任务窗格，里面有"可用文件"列表，列表右侧有一个下拉按钮，单击会展开一个列表，如图 1-19 所示。

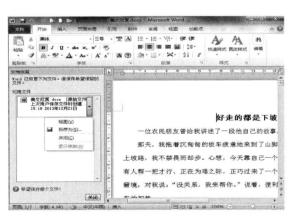

图 1-19 "文档恢复"任务窗格

在列表中选择"另存为"命令保存恢复文档;单击下方"关闭"按钮可关闭"文档恢复"任务窗格。

② 设置自动保存时间间隔

有时恢复文档并不是最后编辑的文档,这取决于所设置的自动保存时间间隔,默认的时间间隔为 10 分钟,用户可根据需要调整该时间。操作方法如下:

单击"文件"选项卡,在打开的功能面板中单击"选项",打开"Word 选项"对话框,在左侧的列表中选择"保存"选项,右侧窗格显示为"自定义文档保存方式"界面,如图 1-20 所示。在箭头所指向的"保存自动恢复信息时间间隔"后的列表框中可设置自动保存的时间间隔,设置完毕单击窗口右下角的"确定"按钮。

▶ 图 1-20　设置文档的自动保存时间间隔

(4) 加密文档

有时需要所建文档进行加密,比如公司的重要资料、毕业论文等,以防止资料外泄。要想使用 Word 加密保护已打开的文档,可使用以下两种方法:

方法一

① 单击"文件"选项卡,选择"另存为"选项,打开"另存为"对话框。在"另存为"对话框中右下角有一个"工具"按钮 工具(L) ▼,单击该按钮右侧的下拉三角,打开一个列表,选择其中的"常规选项(G)...",如图 1-21 所示。打开"常规选项"对话框,如图 1-22 所示。

▶ 图 1-21　"工具"按钮列表

▶ 图 1-22　"常规选项"对话框

② 在"常规选项"对话框中可以设置两种密码，一种是打开权限密码，用于设置文件打开时的密码。另一种是修改权限密码，用于设置对文件进行修改时的密码。根据需要分别输入"打开文件时的密码"与"修改文件时的密码"后（注意：密码区分大小写），单击"确定"按钮，会弹出"确认密码"对话框，在对话框中输入"打开文件时的密码"，单击"确定"按钮后，会再次弹出"确认密码"对话框，需再次输入"修改文件时的密码"，单击"确定"按钮，完成对文档的加密操作。

③ 当再次打开文档或修改文档时，均要求输入密码，否则将无法打开或修改。图1-23与图1-24分别为输入打开文件密码对话框与修改文件密码对话框。

▶ 图1-23 输入打开文件密码对话框　　▶ 图1-24 输入修改文件密码对话框

方法二

① 单击"文件"选项卡，选择"信息"选项，在中间"有关文档1的信息"列表项中单击"保护文档"选项，打开一个列表，在其中选择"用密码进行加密"，如图1-25所示。

▶ 图1-25 "信息"选项内容

② 弹出"对此文件的内容进行加密"的密码输入提示框，在该提示框中输入密码后，会再弹出一个确认密码提示框，再次输入一遍密码后，即可设置打开文件密码。

删除密码与设置密码的操作相同，只是在需输入密码时把密码清空，然后单击"确定"按钮。

3. 打开文档

打开文档的方法通常有以下几种：

（1）打开存放Word文档的文件夹后，直接双击文档图标，系统将在启动Word的同时打开该Word文档；

（2）启动Word后，单击"文件"选项卡，选择"打开"命令，将显示"打开"对话框，如图1-26所示。在对话框的左侧窗格中选择要打开的文档所在路径，单击

右侧下拉三角,选择此文档的"文件类型",在"文件名"后的文本框中输入要打开的文档名(或在右侧窗格中选择文件夹与文件名),然后单击"打开"按钮 打开(O),可打开该文档。

(3)启动 Word 后,若已将"打开"按钮添加到快速访问工具栏,可单击"打开"按钮,显示"打开"对话框,在其中选择好文档后可打开文档。

(4)在 Word 窗口中,使用快捷键【Ctrl+O】,可打开 Word 文档。

(5)若要打开最近编辑过的文档,可单击"文件"选项卡,选择"最近使用的文档"选项,将在中间窗格显示最近打开过的文档列表(默认 25 个),右侧窗格显示文档所在位置,单击文档名称可将其打开。

在 Word 文档中,可以根据需要显示或取消显示最近使用的文档,并且可以设置最近使用的文档数量,具体操作步骤如下:

① 在 Word 文档窗口中,依次单击"文件→选项"按钮,打开"Word 选项"对话框;

② 在"Word 选项"对话框中单击左侧列表中的"高级",切换到"高级"选项卡,在右侧窗格中显示"使用 Word 时采用的高级选项",拖动垂直滚动条找到"显示"列表,如图 1-27 所示。

● 图 1-26 打开文档对话框

● 图 1-27 "Word 选项"中的"高级"选项卡

③ "显示"列表中的第一项为"显示此数目的'最近使用的文档'(R)",默认的文件数为 25 个,可以根据需要修改最近使用的文档数量。

4. 关闭文档

关闭文档的方法有以下三种:

① 单击"文件"选项卡,选择"退出"选项;

② 单击窗口右上角的"关闭"按钮,可关闭文档;

③ 使用快捷键【Alt+F4】,可关闭文档。

在关闭文档之前若未保存该文档,则系统会弹出对话框,询问是否保存对文档所做的修改。单击"保存"按钮,则会保存文档的同时关闭 Word 程序。单击"不保存"按钮,表示不保存文档而退出 Word 程序。单击"取消"按钮,表示不退出 Word 程序,返回 Word 文档编辑状态,如图 1-28 所示。

● 图 1-28 "保存"提示框

任务 3　浏览 Word 文档

任务描述

打开已给素材中的 Word 文档"美文欣赏.docx",用 Word 提供的各种浏览方式进行浏览,并切换不同视图模式查看该文档。

任务解析

本次任务,需要达到以下目的:
➢ 了解"选择浏览对象"列表中的各个浏览按钮的功能,并能够灵活使用它们浏览文档;
➢ 理解 Word 各个视图模式的特点,能够根据不同需要选择合适的视图模式查看文档。

本次任务的操作步骤如下:

(1)打开所给 Word 素材文件夹,找到 Word 文档"美文欣赏.docx",双击打开该文档。
(2)拖动垂直滚动条浏览该文档不同页面。
(3)单击"上一页"按钮 与"下一页"按钮 进行文档的换页操作。
(4)将光标移到文档最开始,单击垂直滚动条下方的"选择浏览对象"按钮 ,弹出列表框,如图 1-29 所示,在其中单击"定位"按钮,打开"查找和替换"对话框,在"定位"选项卡的"输入页号"栏中,输入页号"5",单击"定位"按钮,则直接跳转到文档第 5 页,如图 1-30 所示。单击"关闭"按钮关闭"查找和替换"对话框。

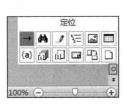

◉ 图 1-29　"选择浏览对象"列表框　　　　◉ 图 1-30　"定位"选项卡内容

(5)分别单击任务栏上的"视图模式"按钮,将文档切换到阅读版式视图、Web 版式视图、大纲视图和草稿视图,查看各视图下文档的不同显示效果。
(6)将文档视图再切换回页面视图模式。

1.3　Word 2010 视图模式

1. 浏览文档

当 Word 文档比较长时,可通过拖动垂直滚动条来上下浏览,也可用键盘上的【PgUp】键和【PgDn】键来上下翻页,但这些浏览方式都有一定的局限性,为此,Word 提供了按编辑位置、标题、图形、表格、域、尾注、脚注、批注、节和页来浏览文档的方式,这些方式能使文档从一个浏览对象直接跳到下一个同类型的浏览对象,同时,Word 还提供了"定位"功能,增强了浏览的灵活性。

当单击"按图形浏览"按钮后,"前一页"按钮变为"前一张图形"按钮,"下一页"按钮变为"下一张图形"按钮,如图 1-31 所示,可通过单击这两个按钮浏览到文档中的不同图形。同样,当单击"按表格浏览"按钮后,"前一页"与"后一页"按钮变为"前一张表格"与"下一张表格",可浏览文档中的不同表格。

图 1-31　按图形浏览

2. Word 2010 视图模式

在 Word 中提供了多种视图模式供用户选择,包括页面视图、阅读版式视图、Web 版式视图、大纲视图和草稿五种视图模式。

(1) 视图切换方式

① 状态栏右侧的视图按钮分别代表不同的视图模式,可单击进行切换。

② 在功能区中单击"视图"选项卡标签,切换到"视图"选项区,该区的第一组,即"文档视图"组中显示了各视图按钮,单击可进行视图的切换。呈高亮显示的按钮为文档正在使用的视图,如图 1-32 所示。

图 1-32　"视图"选项卡的"文档视图"组

(2) 视图简介

① 页面视图:是 Word 的默认视图,用于显示文档所有内容在整个页面的分布状况及整个文档在每一页的位置,真正实现"所见即所得"。页面视图可以显示页眉、页脚、图形对象、分栏、页面边距等元素,是最接近打印结果的视图模式,也是最常用的视图。

② 阅读版式视图:该视图以图书的分栏样式显示 Word 文档,它主要用来阅读文档,所以"文件"按钮、功能区等窗口元素被隐藏起来,可单击右上角"关闭"按钮关闭该视图模式。

③ Web 版式视图:该视图以网页的形式显示 Word 文档,文档的所有内容都显示在同一页面中。Web 版式视图一般适用于发送电子邮件和创建网页。

④ 大纲视图:该视图普遍用于具有多级标题的长文档的浏览与配置,大纲视图显示出了大纲工具栏,可以直接编写文档标题、修改文档大纲、查看与调整文档的结构及重新安排文档中标题的次序。关闭大纲视图时,需单击"大纲"选项中的"关闭大纲视图"按钮,如图 1-33 所示。

图 1-33　大纲视图中的"大纲"选项

⑤ 草稿视图:该视图撤销了页面边距、分栏、页眉页脚和图片等元素,仅显示标题和主体,因此显示速度快,是最节省计算机系统硬件资源的视图方式。草稿视图适合在含有大量图片的文档中录入和编辑文字。

上机实训 1

在 D 盘上创建一个"Word 练习"文件夹，将以下各实训题所创建的 Word 文档都保存在该文件夹下。

1. 创建一个 Word 2010 空白文档，在快速访问工具栏中添加"新建"、"打开"按钮，将该文档保存，文件名为"Word 基本操作.docx"。

2. 使用模板创建文档，模板使用"样本模板"中的"市内简历"，保存文件名为"个人简历.docx"，保存后退出 Word 2010。

3. 打开题 1 中创建的"Word 基本操作.docx"文件，再将该文件另存为"Word 97-2003 文档（*.doc）"的文件类型，主文件名不变。

4. 打开题 2 所创建文档，给该文档设置文件打开密码为"123456"，保存该文档退出系统后，重新打开该文档查看密码设置情况。

文本的输入与编辑

掌握输入与编辑文本的方法是使用 Word 软件的基础。文本是 Word 文档中最重要的组成部分，新建一个文档后，可在其中输入需要的文本。在文档中输入文本内容后，通常还需要对其进行各种编辑操作，文本的输入和编辑是一体的。

 任务 4　制作讲座通知

任务描述

本周四下午，计算机系将为学校广大老师安排一次计算机知识讲座。请尽快输入相关信息，让大家及时了解该通知的内容。

讲　座　通　知

各位老师：

为进一步提高全校教师的信息技术知识水平和操作技能，我系继续为大家举办知识讲座。本次讲座的内容为"数字媒体技术的分类与应用"，由×××老师主讲，地点在学校 30 机房，时间☺为 12 月 26 日下午 2 时 30 分。

讲座主要包括以下三个部分的内容：

① 数字影像设计
② 数字动画设计
③ 数字交互设计

大家可以先在网上了解一下 Premiere 和 After Effects 等软件的简单介绍。希望讲座能给大家带来收获和快乐。☺

计算机系
十二月二十二日

任务解析

本次任务，需要达到以下目的：
➢ 用键盘输入法输入普通文本；
➢ 用插入功能输入法输入日期和时间及各种特殊符号。

本次任务的操作步骤如下：

（1）启动 Word 2010，新建默认名为"文档 1.docx"的空白文档。

（2）选择自己擅长的输入法，连续按"空格"键将文本插入点定位于文档第一行的中间位置，输入标题的"讲座通知"文本。按【Enter】键换行，全角状态下连续按两次"空格"键,并输入"各位老师:"文本。再次按【Enter】键换行,全角状态下连续按两次"空格"键,输入正文内容部分的一般字符。输入 Premiere 和 After Effects 时,不要忘记【CapsLk】键的切换。输入双引号时要按住【Shift】键。

(3)将文本插入点定位到文本"时间"的后面,选择"插入"选项卡,然后单击"符号"按钮Ω,在弹出的列表框中选择"其他符号"选项,打开"符号"对话框。在"字体"下拉列表框中选择"Wingdings2",找到"☝",单击"插入"按钮后再单击"关闭"按钮,或者直接双击"插入"按钮;同样的方法在正文的最后插入"☺"。将文本插入点定位到文本"数字影像设计"的前面,选择"插入"选项卡,然后单击"符号"按钮Ω,在弹出的列表框中选择"其他符号"选项,打开"符号"对话框。在"字体"下拉列表框中选择"普通文本",在"子集"下拉列表框中选择"带括号的字母数字",找到"①",单击"插入"按钮后再单击"关闭"按钮,或者直接双击"插入"按钮。同样的操作方法,在相应的位置分别插入"②"、"③"。

(4)再次按【Enter】键换行,多次按"空格"键,在靠右的位置输入"计算机系"。

(5)再次按【Enter】键换行,多次按"空格"键,将文本插入点移至靠右的位置,选择"插入"选项卡,在"文本"选项区单击"日期和时间"命令,在打开的对话框中选择当前日期"×××年十二月二十二日",单击"确定"按钮即可把当前的日期插入进来,删除"×××年"。

(6)保存文件,文件名命名为"讲座通知.docx",完成任务。

2.1 在文档中输入文本

输入文本是使用 Word 软件的重要操作,在 Word 中输入文本主要有以下两种方法。

1. 键盘输入法(普通文本输入法)

键盘输入法是一种非常普通的文本输入方法,像平常使用的汉字、英文字符、数字、普通符号等文本都是用此方法输入的。

(1)在进行文本输入之前,必须先将文本插入点定位到需要的位置。新建或打开一个文档时,文本插入点(文档中闪烁的光标符号"|")位于整篇文档的最前面,此时可以直接在该位置输入文本;若文档中已存在文本内容,又需要在某一具体位置输入其他文本时,需先将鼠标光标移动至文档编辑区中,当其变为 I 形状后在需要输入文本的位置单击,即可将文本插入点定位在该位置处。用键盘定位插入点有时更加方便,常用键盘定位快捷键及其功能如表 2-1 所示。

表 2-1 键盘定位快捷键及其功能

键 名	相 应 功 能	键 名	相 应 功 能
←	光标左移一个字符	Home	光标移至当前行的行首
→	光标右移一个字符	End	光标移至当前行的行尾
↑	光标上移一行	Page Up	向上滚过一屏
↓	光标下移一行	Page Down	向下滚过一屏
Ctrl+←	光标左移一个单词	Ctrl+Home	光标移至文档的开头
Ctrl+→	光标右移一个单词	Ctrl+End	光标移至文档的末尾
Ctrl+↑	光标向上移动一个段落	Ctrl+PgUp	光标移至上页的顶端
Ctrl+↓	光标向下移动一个段落	Ctrl+PgDn	光标移至下页的顶端

（2）文本插入点移动到目标位置处，选择合适的输入法即可输入文本。英文字符可直接从键盘输入，中文可选择不同的输入方法。

① 选择汉字输入法

方法一：鼠标单击任务栏上的"En"图标→选择汉字输入法

方法二：【Ctrl+Shift】组合键选择

现在比较流行的输入法是"搜狗输入法"、"五笔字型输入法"、"智能 ABC 输入法"、"微软拼音输入法"等也比较常用。

在用拼音输入汉字的时候，注意 ü 用 v 代替，如女：按字母"nv"输入出来。输入词组时常常只输入声母，例如，想打出"计算机"，只需输入"jsj"。当重码字较多时，用数字键选择汉字，第一字词用空格键选择，用"+""—"键翻页。

如果希望能快速且准确地输入汉字，可以借助五笔字型输入法。五笔字型输入法相对于其他输入法有一些具体的特点和优点。介绍如下：五笔字型输入法击键次数少且重码率低。它是根据字型输入文字的，相对于拼音输入法的优势在于不认识的文字也可照常输入，且不受方言的限制。通过使用五笔字型输入法，可以达到很高的输入速度（每分钟可输入 60～270 个汉字），其汉字输入速度是其他输入法所无法比拟的。王码五笔字型输入法有 86 版和 98 版，其中使用 86 版的人居多，可以根据自身的喜好选择合适的版本。

② 中英文切换的方法：【Ctrl+空格】组合键

③ 标点符号的输入：按【Ctrl+.】键可切换中西文标点符号的输入状态

切换成中文标点符号状态，可通过按键盘上的【Ctrl+.】键，输出"，。、""《》{}（）……？！:;〈〉"等常用中文标点符号。

④ 通过软键盘输入标点符号

通过软键盘输入标点符号必须先打开软键盘。单击输入法状态条中的"功能菜单"按钮，在弹出的快捷菜单中选择"软键盘→标点符号"命令，打开"标点符号"对应的软键盘，如图 2-1 所示。单击所需要的标点符号，即可输入该符号。打开"标点符号"对应的软键盘的另一种方法是，右击输入法状态栏右边的软键盘图标→选择标点符号。

图 2-1 打开"标点符号"对应的软键盘

关闭软键盘的方法：单击软键盘右上角的"关闭"按钮。

（3）当输入到行尾时，不要按【Enter】键，系统会自动换行。输入到段落结尾时，应按【Enter】键，表示段落结束。如果在某段落中要强行换行，可以使用【Shift+Enter】组合键。

（4）"插入"与"改写"是 Word 的两种编辑方式。Word 在默认情况下处于"插入"状态，在此状态下输入文字时，其后的文本内容将顺序后延；而按【Insert】键会改变为"改写"状态，在此状态下输入文本时，其后的文本将被顺序替代。要判断 Word 是否处于输入状态，可以通过查看状态栏中显示的是"插入"还是"改写"状态。要根据需要及时切换"插入"与"改写"状态。

（5）当输入文本后在检查时发现，有些文本下面出现了绿色或红色波浪线，这些波浪线表示计算机认为这些文本有拼写错误或语法错误，提醒用户检查这些文本，如果确认有错误就修改，没有则可以不用理会。

> **小技巧**
>
> 1. 在输入文本的过程中，如果需要输入大写字母或词汇，可以按键盘上【CapsLk】键，这时小键盘上方的 CapsLk 灯会亮起，此种状态下按相应的字母键就可以输入大写字母了。需要注意的是，只有再次按【CapsLk】键将 CapsLk 灯关闭才可以继续输入汉字。
> 2. 在 Word 中输完一些内容后，按【Alt+Enter】组合键可将输入的内容重复地输入到其文本后，而且该方法适用于复制粘贴后的重复粘贴。

2. 插入功能输入法（特殊文本输入法）

此输入法可以弥补键盘输入法的不足，例如：希腊字母、俄文字母、日文、数字序号或"奀北壤©®ΩºC‰☺♂♛♀★"等生僻字和各类特殊符号，用键盘输入法是输入不了的，可以使用"插入"功能来解决这一问题。另外，若想将已有的相关文件内容插入进来，也可以使用插入功能。

（1）插入生僻字和特殊字符

如果在输入文本的过程中碰到一些生僻的字，尤其是古籍中的字，用五笔输入法也输入不出来时，可以单击"插入→符号→其他符号"菜单命令，弹出"符号"对话框，在"子集"下拉列表框中选择"CJK 统一汉字扩充 A"选项，如图 2-2 所示。在显示的生僻字列表中，可以根据需要选择字体，选择好之后单击"插入"按钮即可将其输入到文档中。如果想要插入一些特殊的符号，如"☺♂♛"等，可以在"字体"下拉列表框中选择"Wingdings"等系列，如图 2-3 所示，从中选择需要的符号后单击"插入"按钮即可实现对相关特殊符号的输入。

图 2-2　插入生僻字

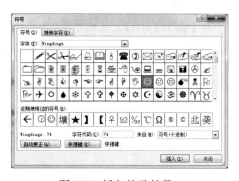

图 2-3　插入特殊符号

用相同的方法，打开"符号"对话框中的"特殊字符"选项卡，如图 2-4 所示，在下方的列表中选择相应的字符插入。

（2）插入日期和时间

在 Word 文档中需要输入日期和时间时，可以用键盘输入一些简单普通的日期格式，如"2013-12-22"。借助于"插入"功能可以插入系统当前准确的日期和时间，而且日期与时间的表现形式多种多样。

单击"插入"选项卡中的"日期和时间"按钮，弹出"日期和时间"对话框，如图 2-5 所示。可以看到默认地日期和时间格式是"英语（美国）"语言，如果想用英语式的日期和时间，选中一个具体格式，单击"确定"按钮即可将其输入到文档的当前位置。在"语言（国家/地区）"下拉列表框中选择"中文（中国）"选项，将日期和时间转换为中文格式，如图 2-6 所示，选择想要的具体格式如"二〇一三年十二月二十二日"，单击"确定"按钮即可将其输入到文档中。在"日期和时间"对话框

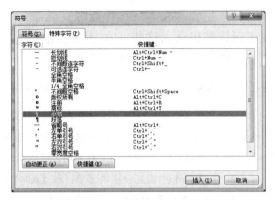

▶ 图 2-4　插入特殊字符

的列表框中双击想要插入的日期，可以快速将该日期插入到文档中，并关闭"日期和时间"对话框，提高了效率。

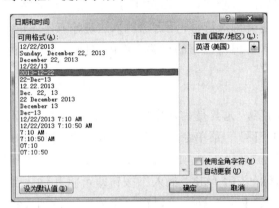

▶ 图 2-5　插入"日期和时间"

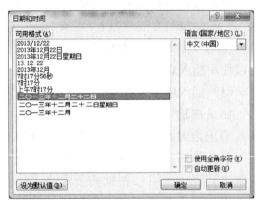

▶ 图 2-6　插入"日期和时间"（中文）

> **小技巧**
>
> 按【Shift+Alt+D】组合键可快速输入当前日期，按【Shift+Alt+T】组合键可快速输入当前时间，其格式为 Word 2010 默认的样式。另外，如果在"日期和时间"对话框中选中 复选框，插入日期和时间后，在插入的日期和时间上单击鼠标右键，在弹出的快捷菜单中选择"更新域"命令，将会更新为当前的日期和时间。

（3）插入其他文件中的文字

选择"插入→文本→对象"命令右侧的小三角按钮，在下拉列表中选择"文件中的文字"，在弹出的"插入文件"对话框中选择要插入的文件，如图 2-7 所示，单击"插入"按钮，所选文件中的文本就被插入进来了。

（4）将输入的文字转换成繁体字

如果需要在文档中输入繁体字，除了可使用繁体字输入法外，还可以使用一种非常简单的方法，即在 Word 中先输入相应的简体字，然后利用"中文简繁转换"功能转换。操作方法是：选定要转换的文字，选择"审阅"选项卡，在"中文简繁转换"工具栏中单击"简转繁"按钮，此时所选定的文本将变为繁体字显示。如果想把繁体字转成简体字，则应在选定的繁体字后，单击"繁转简"按钮。

（5）插入"脚注"与"尾注"

在文档的录入过程中，常常需要对一些内容、名词或事件加以注释，这称为"脚注"或"尾注"。Word 2010 提供的插入脚注和尾注的功能，可以在指定的文本处插入注释。脚注和尾注都是注释，其唯一的区别是：脚注是放在文档页面的底端，而尾注是放在文档的结尾处。插入脚注和尾注的方法如下：

将插入点移动到需要插入脚注或尾注的文字后面，打开"引用"选项卡，在"脚注"功能区找到"插入脚注"或"插入尾注"，单击该命令，光标会自动转至相应的位置，输入注释文本后，在文档任意处单击一下退出注释的编辑，完成插入。插入脚注后的效果如图 2-8 所示。

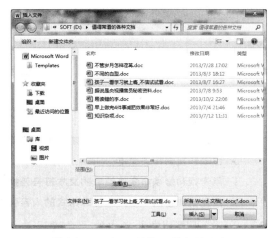

▶ 图 2-7 插入其他文件中的文字

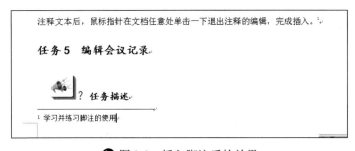

▶ 图 2-8 插入脚注后的效果

如果要删除脚注或尾注，则选定脚注或尾注号，按【Delete】键即可。

任务 5　编辑会议记录

任务描述

今天上午，学生科组织全体学生参加了军训动员大会。会议上，王飞同学做了简要会议记录。当时，为了更多地记录下有关信息，他用了简单符号和一些省略。我们帮他把会议记录整理编辑一下吧，以让信息更完整、更清楚明了。

王飞的会议记录如下所示。

动员大会

时间：今天上午九点

地点：学校第一会议室

训练时间：两周

训练地点：CCH

训练内容：队伍排列报数立定稍息齐步走跑步正步走等等

中队编排：16 队

指导员及中队长：××××××××××××
会操时间：最后一天下午

任务解析

本次任务，需要完成以下操作：
➢ 选择文本；
➢ 光标定位于目标位置，按要求增加或删除内容；
➢ 移动和复制相关文本；
➢ 用查找和替换命令将简单的文本符号替换为完整的文本信息；
➢ 用查找和替换命令完成特殊格式的内容替换。

（1）打开素材文件夹内的"会议记录.docx"文档。将光标定位在"动员大会"前面，增加文字"2014级新生军训"。将"今天"替换成"2014年4月15日"。将光标定位在"训练时间："后面，删除"两周"，输入"2014-4-16至2014-4-30"。

（2）查找"CCH"，替换为"操场"。在"队伍"后面输入"、"，同样在"排列"、"报数"、"立定稍息"、"齐步走"、"跑步"后面分别添加"、"。查找"最后一天"，替换为"2014-4-30日"。保存文件并退出。

将王飞的会议记录编辑完成之后的效果如下。

2014级新生动员大会
时间：2014年4月15日上午九点
地点：学校第一会议室
训练时间：2014-4-16至2014-4-30
训练地点：操场
训练内容：队伍排列、报数、立定稍息、齐步走、跑步、正步走等
中队编排：16队
指导员及中队长：××××××××××××
会操时间：2014-4-30日下午

2.2 文本的编辑

如果对输入的文字不满意，或发现输入的文字中有错误，可以对文本进行修改、删除、移动、复制、查找和替换等相关编辑操作。

1. 选择文本

在对文本进行编辑之前，首先要选择文本，之后才可以对其进行编辑。按选择文本内容的多少可以分为选择任意数量的文本、选择一行文本、选择多行文本、选择一段文本和选择整篇文本；按选择方式可以分为使用鼠标选择和使用键盘选择，也可以二者结合进行选择。

（1）鼠标选择法：鼠标是最常用的文本选择工具。

① 选择单字或词组：在文本中双击，可以选中光标所在位置的单字或词组。

② 选择任意数量文本：将光标插入到需要选择文本的开始位置，按住鼠标左键不放拖动至需要选择文本的结束位置，这时被选择的文本会以蓝底黑字的形式出现，如图2-9所示。

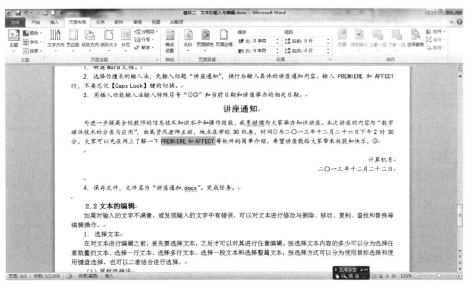

> 图 2-9 选择任意数量文本

③ 选择单行文本：将光标移至需要选择的某一行左侧的空白区域，当光标变成反箭头形状时，单击即可选择整行文本。

④ 选择多行文本：与使用鼠标选择单行文本的方法类似，将光标移动至文本左侧的空白区域，当光标变成 时，按住鼠标左键不放并向下拖动光标，即可选择多行文本。

⑤ 选择整段文本：将光标移至需要选择的段落左侧的空白区域，当光标变成 时，双击鼠标左键；或者在该段文本的段首按住鼠标左键不放并拖动光标到段末后释放鼠标；也可以在该段文本中任意位置连续单击 3 次。

⑥ 选择整篇文本：可以将光标移至文档左侧的空白区域，当光标变成 时，连续单击鼠标左键 3 次完成选择。

如果取消当前的选择，只需在选择对象位置以外的任意地方单击即可。

（2）鼠标结合键盘的方法

使用鼠标结合键盘也是比较常用的选择文本的方法，这种方法能够弥补单纯使用鼠标选择文本的不足，在两者结合使用时，不但灵活方便而且还能提高操作的速度。

① 选择句子：按住【Ctrl】键的同时单击文本中的任意位置，可以选择文本插入点处的一个句子。

② 选择整篇文本：将光标移至文本中任意位置，按组合键【Ctrl+A】，或者按住【Ctrl】键不放单击文本左侧的空白区域。

③ 选择任意文本：将光标定位到所选文本的开始位置，按住【Shift】键不放，同时单击所选文本的结束位置，即可选择需要的文本。

④ 选择多个不相邻的文本：先选择一个文本区域，再按住【Ctrl】键不放，然后再选择其他所需要的文本区域，即可同时选择多个不相邻的文本，如图 2-10 所示。

⑤ 选择矩形区域的文本：将光标定位至所选文本形成的矩形框的任意一角，按住【Alt】键不放，拖动光标到所选文本形成的矩形框的任意一角的对角位置释放鼠标，如图 2-11 所示。

使用 Word 时，用户应该使用适合自身的方法进行文档编辑（如使用键盘还是鼠标选择文本等），以提高工作效率。

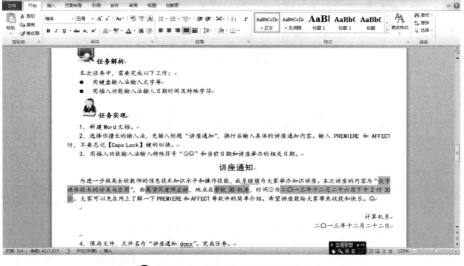

> 图 2-10　选择多个不相邻的文本

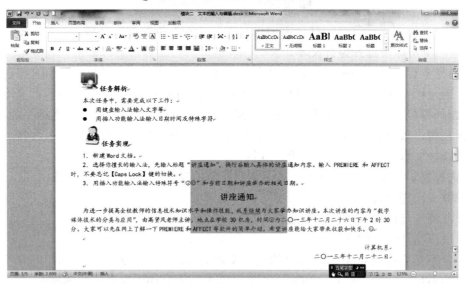

> 图 2-11　选择矩形区域的文本

2. 修改与删除文本

使用 Word 编辑文档时，难免会出现一些错误，这时就需要对文本进行修改和删除操作，包括插入漏输入的文本、改写错误文本等操作。

（1）如果想添加一段文本，可以将光标移动到要添加文本的位置单击，确定插入文本的位置，输入新的文本内容即可。

（2）如果想改写一段文本，可以在选择错误文本的基础上重新输入正确的文本内容；也可以通过设置成"改写"状态改写文本（可按【Insert】键或者单击状态栏中的"插入"按钮来切换"插入"与"改写"状态）。

（3）如果文档中输入了多余的、错误的或重复的文本，可用以下几种方法来删除。

① 选中要删除的文本，按键盘上的【Backspace】键或者【Delete】键可将其删除。

② 将文本插入点定位到需要删除的文本左侧，按【Delete】键可删除光标右侧的文本内容。

③ 将文本插入点定位到需要删除的文本右侧，按【Backspace】键可删除光标左侧的文本内容。

修改文本使用"改写"状态时要特别小心，如果不及时取消"改写"状态，有可能修改掉不需要修改的文本。

3．移动与复制文本

在编辑文本的过程中，如果需要将某些文本内容从一个位置移动到另一个位置，或从一个文档移动到另一个文档，则可以使用移动操作；如果要输入相同的内容，可以使用复制已有内容的方法来提高工作效率。移动和复制文本都是 Word 中非常重要的操作，使用非常频繁，下面分别说明。

（1）移动文本

在 Word 中移动文本的方法至少有两种。一种方法是选择需要移动的文本后，按住鼠标左键不放并向目标位置拖动，即可将选中的文本移动到目标位置；另一种方法是选择需要移动的文本后，利用剪切与粘贴功能（或按【Ctrl+X】与【Ctrl+V】组合键）来实现文本移动。

（2）复制文本

在编辑文本的过程中，常常会用复制的方法以避免重复输入文本。在 Word 中复制文本的方法至少有两种。一种方法是选择需要复制的文本后，按住【Ctrl】键的同时按住鼠标左键不放并向目标位置拖动，即可将选中的文本复制到目标位置；另一种方法是选择需要复制的文本后，利用复制与粘贴功能（或按【Ctrl+C】与【Ctrl+V】组合键）实现文本复制。

在 Word 中，粘贴选项有 3 个："保留源格式"（保留原文字的相关格式设置），"合并格式"（粘贴的文字所具有的格式将被粘贴位置处的文字格式所合并），"只保留文本"（粘贴所复制的文字并清除原复制文字的所有格式）。

4．撤销和恢复

在编辑的过程中难免会出现误操作，Word 提供了撤销功能，用于取消最近对文档进行的操作。撤销最近的几次操作可以直接按组合键【Ctrl+Z】来实现，或者直接单击快速访问工具栏上的"撤销"按钮 。恢复功能用于恢复被撤销的操作，可以直接按组合键【Ctrl+Y】或者单击快速访问工具栏上的"恢复"按钮 实现。恢复与撤销操作是相辅相成的，只有执行了撤销操作后才能激活"恢复"按钮 ，并由灰色的"重做"按钮 变为蓝色的"恢复"按钮 。

撤销多次操作的另外一种方法是：单击快速访问工具栏上撤销按钮旁边的小三角 ，查看可撤销操作列表，单击要撤销的操作。如果该操作不可见，可滚动列表。撤销某操作的同时，也撤销了列表中所有位于它之前的所有操作。

5．查找、替换和定位

使用 Word 的查找与替换功能，可以方便地找到文档中需要的文本，或对多个相同的文本进行统一修改。

（1）查找文本

如果要在一篇较长的文档中查找到某个字或词，就可以使用查找功能以提高工作效率。单击"开始"选项卡"编辑"功能区的"查找"命令，打开导航窗格，在导航窗格文本框中输入要查找的内容,并按【Enter】键。在导航空格中将以浏览方式显示所有包含查找内容的片段,同时查找到的匹配文字会在文章中以黄色底纹标识,如图 2-12 所示。

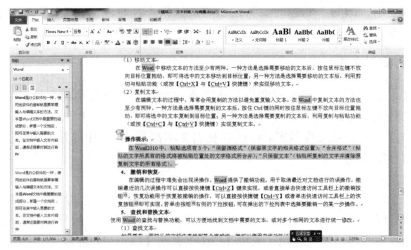

图 2-12 "查找"文本

单击"导航"面板右上角的"关闭"按钮关闭"导航"面板,即可完成文档中内容的查找操作,查找到的结果将恢复原来的显示状态。

(2)高级查找

单击"开始"选项卡的"编辑"功能区中"查找"命令旁的小三角,在下拉菜单中选择"高级查找"命令,打开"查找和替换"对话框。在"查找和替换"对话框中,"查找内容"框内输入要搜索的文本,例如:"Word",单击"查找下一处"按钮,则开始在文档中查找。此时,Word 自动从当前光标处开始向下搜索文档,查找字符串"Word"。如果直到文档结尾没有找到字符串"Word",则继续从文档开始处查找,直到当前光标处为止。查找到字符串"Word"后,光标停在找出的文本位置处,并使其处于选中状态,这时在"查找"对话框外单击鼠标,就可以对该文本进行编辑。多次单击"查找下一处"按钮,Word 会逐一查找文档中的其他相同内容。

单击"查找和替换"对话框中的"更多"按钮,可展开其详细设置内容,可以对要查找的文本的大小和格式进行设置,以精确查找,如图 2-13 所示。

图 2-13 "查找和替换"对话框"更多"按钮展开内容

（3）替换文本

单击"开始"选项卡"编辑"功能区的"替换"命令，打开对话框。在"查找内容"框内输入文字，如"Word"。如果在文本中确定要将查找到的所有字符串进行替换，单击"全部替换"按钮，就会将查找到的字符串全部自动进行替换。但是，如果并不是将查找到的所有字符串进行替换，则单击"替换"按钮进行替换，否则，单击"查找下一处"按钮。如果"替换为"框为空，操作后的实际效果是将查找的内容从文档中删除了。替换特殊格式的文本，操作方法与查找特殊格式的文本类似。

当替换完成后，单击"查找和替换"对话框上的"关闭"按钮或标题栏上的"关闭"按钮，关闭"查找和替换"对话框。

> **小技巧**
>
> 从网上下载的内容中经常可以看到在行末有手动换行符"↓"，如果想把它替换为段落标记，可以在"查找"框中，通过选择"特殊格式"中的"手动换行符（L）"后执行"特殊格式"的在"替换"框中选择"段落标记（P）"，"替换"来实现，如图 2-14 所示。
>
>
>
> 图 2-14 "特殊格式"的"替换"

（4）文本定位

单击"开始"选项卡"编辑"功能区的"查找"命令旁的小三角，在下拉列表中选择"转到"命令，弹出"查找和替换"对话框，如图 2-15 所示。可按页码、行号和书签等进行文本定位。

图 2-15 "定位"选项卡

上机实训 2

1. 建立空白文档，输入如下文本内容后，存储为"存储器概念.docx"。

存储器概念

存储器的主要性能指标就是存储容量和读取速度。

内存是用来存储程序和数据的，而程序和数据都是用二进制来表示的。不同的程序和数据的大小（二进制位数）是不一样的，因此，需要一个关于存储容量大小的单位。现在介绍一下各种单位。

位（bit）：是二进制数的最小单位，通常用"b"表示。

字节（byte）：8个bit叫做一个字节，通常用"B"表示。内存存储容量一般都是以字节为单位的。

字（word）：由若干字节组成。至于到底等于多少字节，取决于什么样的计算机，更确切地说，取决于计算机的字长，即计算机一次所能处理的数据的最大位数。

2. 在上题的基础上，做如下操作：

（1）在"位"、"字节"、"字"三个名词定义前分别插入特殊符号①、②、③。

（2）将正文第一段的内容"内存储器的主要性能指标就是存储容量和读取速度。"移至最后，作为最后一段。

（3）然后在此基础上，将正文第一段的最后一句"现在我们介绍一下各种单位"中的"我们"二字删除掉。

3. 打开素材文件夹内的"练习3素材.docx"文档，将其中的"、"全部替换为"."。

4. 打开素材文件夹内的"练习4素材.docx"文档，将光标定位到后面，把最后面的七个字符选定后删除掉，然后按【Ctrl+Z】组合键撤销；再把"张德芬语"选定移到文本开始处，在"张德芬语"后面输入"："；把文末的短线删除掉，保存文件后退出Word。

5. 新建空白文档，输入"我喜欢的美文段落很多，比如"，换行后用"插入功能输入法"输入"练习5素材-1.docx"和"练习5素材-2.docx"中的文字，保存为"上机实训5.docx"文档，退出Word。

文档的格式设置

本模块将学习在 Word 应用中如何通过设置文档的字符格式、段落格式、项目符号、编号、分栏、首字下沉、中文版式等格式,达到所需要的理想效果,使文档看起来更美观,同时又能让读者阅读起来更方便、更舒适。

 任务6 编排邀请函

任务描述

丰收的一年刚刚过去,网聚财富主角××××年终将举办客户答谢会,请把下面的"邀请函"的字符格式和段落格式编辑一下,让这个邀请函美观漂亮一些。

邀请函
尊敬的××先生/女士:
过往的一年,我们用心搭建平台,您是我们关注和支持的财富主角。
新年即将来临,我们倾情实现网商大家庭的快乐相聚。为了感谢您一年来对××××的大力支持,我们特于 2014 年 1 月 16 日 14:00 在××丽晶大酒店一楼丽晶殿举办 2013 年度××××客户答谢会,届时将有精彩的节目和丰厚的奖品等待着您,期待您的光临!
让我们同叙友谊,共话未来,迎接来年更多的财富,更多的快乐!
××××
2014 年 1 月 1 日

任务解析

本次任务中,需要达到以下目的:
➢ 设置字符格式;
➢ 设置段落格式。

本次任务的操作步骤如下:
(1)打开"邀请函.docx"文档,选择标题行"邀请函",单击"开始"选项卡中的"字体"功能区右下角带有 ◻ 标志的按钮,打开"字体"对话框,在"字体"选项卡中设置字号为三号,字形为加粗,在"高级"选项卡中设置字符间距加宽 2 磅。
(2)选择邀请函的主体部分,设置其字号为四号。选择"2014 年 1 月 16 日 14:00"与"××丽晶大酒店",单击"开始"选项卡中的"字体"功能区的按钮 **U**,给字符加单下划线。
(3)选定标题"邀请函",单击"开始"选项卡下的"段落"功能区的按钮 ≡,设置居中对齐。选定"过往的一年"至"更多的快乐!"三个段落,单击"开始"选项卡中的"段落"功能区右下角的按钮 ,打开"段落"对话框,在"缩进和间距"选项卡中设置"特殊格式"为"首行缩进"2个字符,单击"确定"按钮。选定文本的最后两行,设置对齐方式为右对齐。

(4)选定全文,单击"开始"选项卡中的"段落"功能区右下角的按钮 ,打开"段落"对话框,在"缩进和间距"选项卡中设置行距为"1.5倍",单击"确定"按钮。

编辑之后的"邀请函"效果如下:

邀 请 函

尊敬的××先生/女士:

  过往的一年,我们用心搭建平台,您是我们关注和支持的财富主角。

  新年即将来临,我们倾情实现网商大家庭的快乐相聚。为了感谢您一年来对××××的大力支持,我们特于<u>2014年1月16日14:00</u>在<u>××丽晶大酒店</u>一楼丽晶殿举办2013年度××××客户答谢会,届时将有精彩的节目和丰厚的奖品等待着您,期待您的光临!

  让我们同叙友谊,共话未来,迎接来年更多的财富,更多的快乐!

××××

2014 年 1 月 1 日

3.1 设置字符格式

  字符格式包括字符的字体、字号、字形、颜色和显示效果等格式。对字符进行格式设置时,必须先选择操作对象。对象可以是几个字符、一句话、一段文字或整篇文章。通常使用"开始"选项卡中的"字体"功能区或字体浮动工具栏完成一般的字符格式设置,对格式要求较高的文档,可以单击"字体"功能区右下角的按钮 ,打开"字体对话框"进行设置。

1. 用"字体"功能区设置字符格式

  通过"开始"选项卡中的"字体"功能区可以设置字符的字体、字形、字号和颜色等。"字体"功能区,如图3-1所示。

▶ 图3-1 "字体"功能区

  (1)设置字体:常用的中文字体有宋体、楷体、黑体和隶书等。Word默认的中文字体格式为"宋体",英文字体为"Times New Roman"。设置字体时,首先选定要设置或改变字体的文本,然后单击"字体"功能区的"字体"下拉按钮 宋体 ，从下拉列表框中选择所需的字体名称。

(2) 设置字号:Word 默认的字号为"五号"。汉字的大小用字号表示,字号从初号、小初号……直到八号字,对应的文字越来越小。英文的大小用"磅"(point)数值表示,1 磅等于 1/12 英寸。数值越小表示英文字符越小。要设置字号,先选定要设置或改变的字符,单击"字体"功能区的"字号"下拉按钮 五号 ，从下拉列表框中选择所需的字号。在设置字号时,若"字体"下拉列表框中没有所需的字号,可以在其下拉列表框中手动输入字号。

(3) 设置字符的其他格式:利用"字体"功能区还可以设置字符的加粗、斜体、下划线、字体颜色、字符底纹、加框等格式。

- "加粗"按钮 **B**：将选择的文本设置为加粗字体。
- "倾斜"按钮 *I*：将选择的文本设置为倾斜字体。
- "下划线"按钮 U：对选择的文本添加下划线,单击右侧的小三角按钮,在弹出的下拉列表框中可选择下划线的样式及颜色,如图 3-2 所示。
- "加框"按钮 A：为选择的文本添加边框。
- "字符底纹"按钮 A：为选择的文本添加底纹。
- "上标"按钮 x^2：将选择的文本设置为上标,这便于数学中平方和立方等的设置。
- "下标"按钮 x_2：将选择的文本设置为下标,这便于化学中方程式的设置。
- "字体颜色"按钮 A：单击该按钮右侧的小三角按钮,在弹出的下拉列表框中可为选择的文本设置颜色,如图 3-3 所示。Word 字体颜色默认为自动(黑色)。
- "文本效果"按钮 A：对所选文本应用外观效果,如阴影、发光和映像等,如图 3-4 所示。

▶ 图 3-2 "下划线"下拉列表框

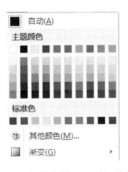

▶ 图 3-3 "字体颜色"下拉列表框

▶ 图 3-4 "文本效果"下拉列表框

2. 用"浮动工具栏"设置字符格式

"浮动工具栏"是一个方便快速设置文本格式的工具栏。当选择文本后在其上面稍微向上移动一下鼠标或在选择的文本上单击鼠标右键都会弹出"浮动工具栏",如图 3-5 所示。在"浮动

▶ 图 3-5 "浮动工具栏"

工具栏"中可以设置字体、字号、倾斜和字体颜色等效果。

3. 用"字体"对话框设置字符格式

如果通过"浮动工具栏"和"字体"工具栏都不能满足设置字体的要求，可以单击"字体"工具栏右下角的按钮 ，打开"字体"对话框，在该对话框中进行更加全面的字体格式的设置。"字体"对话框中有"字体"和"高级"两个选项卡。

（1）在"字体"选项卡中可设置字体、字形、字号、字体颜色、下划线线型、着重号和效果等，如图 3-6 所示。因为选定要设置字符格式的文本可能是中、英文混合的，为了避免英文字体按中文字体来设置，在"字体"选项卡中对中、英文的字体可同时分别设置。图 3-7 列举了几种字体、字号、字形和效果。

▶ 图 3-6 "字体"对话框的"字体"选项卡　　　▶ 图 3-7 不同字符格式效果

（2）在"高级"选项卡中可以设置字符间距等，如图 3-8 所示。改变字符间距的操作如下：选定要改变字符间距的文本，打开"字体"对话框，单击"高级"选项卡，"间距"下拉列表框中有"标准"、"加宽"和"紧缩"三个选项。如选定"加宽"或"紧缩"时，则应在其右边"磅值"中填上具体的间距值。在"位置"列表框中有"标准"、"提升"和"降低"三个选项。选定"提升"或"降低"时，应在其右边"磅值"中填上具体的提升或降低值。在"缩放"列表框中可选择缩放的百分比。设置后，可在预览框中查看设置结果，单击"确定"按钮确认。

单击该选项卡下方的"文字效果"按钮，还可以在弹出的"设置文本效果格式"对话框中（如图 3-9 所示），进一步设置字符的"文本填充"、"文本边框"、"轮廓样式"、"阴影"、"映像"等高级效果。

▶ 图 3-8 "字体"对话框的"高级"选项卡　　　▶ 图 3-9 "设置文本效果格式"对话框

> **小技巧**
>
> 当选定字符后要设置或改变字体字号等格式时,可以同步预览到效果,根据效果设置成符合要求的格式。另外,在"字体"对话框的"预览栏"中也可以查看文本设置格式后的效果,该效果是随着设置的不同而同步改变的。

4. 字符格式的复制和清除

对文本设置的格式可以复制到另一部分文本上,使其具有同样的格式。用"开始"选项卡下的"剪贴板"功能区的"格式刷"按钮可以实现格式的复制。如果对设置好的格式不满意,也可以清除它。

(1)格式的复制:选定已设置格式的文本,单击"开始"选项卡下的"剪贴板"功能区的"格式刷"按钮,此时鼠标指针变成了一个小刷子的形状,将鼠标指针移到要复制格式的文本开始处,用刷子"刷"过的文本的格式就变得和选中文本的格式一样了。放开鼠标左键完成格式的复制。

> **小技巧**
>
> 上述方法的格式刷只能使用一次。如想多次使用,就双击"格式刷"按钮,此时,"格式刷"就可使用多次。如果要取消"格式刷"功能,只要再单击"格式刷"按钮一次即可。

(2)格式的清除:如果对于所设置的格式不满意,那么,可以清除所设置的格式,恢复到 Word 默认的状态。以下三种方法均可实现格式的清除。

① 逆向使用格式刷可以清除已设置的格式。也就是说,把 Word 默认的字体格式复制到已设置格式的文本上去。

② 使用"清除格式"按钮清除已设置的格式。先选定要清除格式的文本,然后单击"开始"选项卡下的"字体"功能区的"清除格式"按钮,就可以将设置好的格式清除掉。

③ 使用组合键清除格式。选定要清除格式的文本,按组合键【Ctrl+Shift+Z】实现。

3.2 设置段落格式

一篇文档是否简洁、醒目和美观,除了字符格式的合理设置外,对段落格式的恰当编辑也是很重要的。在 Word 中,段落是文档的基本组成单位。段落是指以段落标记作为结束符的文字、图形或其他对象的集合,是一个独立的格式编排单位,它具有自身的格式特征,如左右边界、对齐方式、间距和行距、分栏等,所以可以对单独的段落做段落编排。按【Enter】键一次就在按键的地方插入一个段落标记,并开始一个新的段落。如果删除段落标记,那么下一段文本就连接到上一段文本之后,成为上一段文本的一部分,其段落格式变成与上一段相同。

段落格式主要包括段落对齐、段落缩进、行距、段间距和段落的修饰等。设置段落格式可以使文档的结构清晰、层次分明,便于阅读。当需要对某一段落进行格式设置时,首先要选中该段落,或者将插入点放在该段落中,才可以对此段落进行格式设置。设置段落格式可以通过"开始"选项卡下的"段落"功能区工具、浮动工具栏和"段落"对话框来完成，下面分别进行介绍。

1. 通过"段落"功能区设置段落格式

▶ 图 3-10 "段落"功能区

选择段落后，在"开始"选项卡下的"段落"功能区中单击相应的按钮，如图 3-10 所示，即可设置相应的段落格式。

"段落"功能区中各选项参数的含义介绍如下：

（1）"文本左对齐"按钮：单击该按钮，使段落与页面左边距对齐。

（2）"居中"按钮：单击该按钮，使段落居中对齐。

（3）"文本右对齐"按钮：单击该按钮，使段落与页面右边距对齐。

（4）"两端对齐"按钮：单击该按钮，使段落除最后一行外的所有文本同时与左边距和右边距对齐，并根据需要增加字间距。

（5）"分散对齐"按钮：单击该按钮，使段落同时靠左边距和右边距对齐，每一行都有整齐的边缘。

（6）"行和段落间距"按钮：单击该按钮，在其下拉列表框中可以选择段落中每一行的磅值，磅值越大，行与行之间的间距越宽，也可以增加段与段之间的距离。

（7）"项目符号"按钮：单击该按钮，在其下拉列表框中选择项目符号的样式，使文档中出现的同级要点更加突出。

（8）"编号"按钮：单击该按钮，在其下拉列表框中选择编号样式，使文档中的要点更加清晰。

2. 通过"浮动工具栏"设置段落格式

使用"浮动工具栏"设置段落格式方便、快捷。当选择段落后或在选定的段落上单击鼠标右键都会弹出"浮动工具栏"，如图 3-5 所示，其中用于设置段落格式的按钮有"居中"按钮、"增加缩进量"按钮和"减少缩进量"按钮。单击"增加缩进量"按钮和"减少缩进量"按钮，可改变段落与左边界的距离。

3. 通过"段落"对话框设置段落格式

通过"段落"对话框设置文档的段落格式，首先要选择需设置段落格式的段落，然后单击"开始"选项卡下的"段落"功能区右下角的按钮，打开"段落"对话框，在该对话框中有三个选项卡，如图 3-11 所示。

▶ 图 3-11 "段落"对话框

（1）在"缩进和间距"选项卡中可对段落的对齐方式、左侧缩进量、右侧缩进量、段前间距、段后间距、行距等进行设置。

① 缩进：左侧缩进，指段落的左侧与左页边距之间的距离。同样，右侧缩进，指段落的右侧与右页边距之间的距离（以厘米或字符为单位）。Word 默认左页边距与段落左缩进重合，右页边距与段落右缩进重合。可以一次设置全文档各个段落的左右缩进，也可以单独设置一个或几个段落的左右缩进。通过"特殊格式"下拉列表框，可以设置段落的特殊格式，如首行缩进和悬挂缩进。

② 间距：间距包括段间距和行间距。

● 段间距指相邻段落间的间隔，包括"段前"和"段后"间距。"段前"选项表示所选择的段落与上一段落之间的距离，"段后"选项表示所选择的段落与下一段落之间的距离。设置间距时，单击"段前"或"段后"文本框右端的增减按钮，每按一次增加或减少 0.5 行。也可以在文本框中直接输入数字和单位（如厘米或磅）。查看预览框，确认后单击"确定"按钮。

● 行距指行与行间的间隔。一般情况下，Word 会根据用户设置的字体大小自动调整段落内的行距。有时，键入的文档不满一页，为了使页面显得饱满、美观，可适当增加字间距和行间距；有时，键入的内容超过了一页（如超出了一行、二行），为了节省纸张，可以适当减小行距。各行距选项的含义如下：

"单倍行距"：设置每行的高度为可容纳这行中最大的字体，并上下留有适当的空隙。这是默认值。

"1.5 倍行距"：设置每行的高度为这行中最大字体高度的 1.5 倍。

"2 倍行距"：设置每行的高度为这行中最大字体高度的 2 倍。

"最小值"：设置 Word 将自动调整高度以容纳最大字体。

"固定值"：设置成固定的行距，Word 不能调节。

"多倍行距"：允许行距设置成带小数的倍数，如 1.25 倍。

只有在后三种选项中，在"设置值"框中要键入具体的设置值。

（2）在"换行和分页"选项卡中可对分页、取消行号和断字进行设置。

（3）在"中文版式"选项卡中可对中文文稿的特殊版式进行设置，如按中文习惯控制首尾字符等。

> **小技巧**
>
> 1. 段落的左右缩进、特殊格式、段间距和行距的单位可以设置为"字符"、"厘米"、"磅"或"行"。设置时，可以采用指定单位，如左右缩进用"厘米"，首行缩进用"字符"，间距用"磅"等。只要在键入设置值的同时键入单位即可，如图 3-12 所示。设置"首行缩进"时一般常采用"字符"单位，其优点是，无论字体大小如何变化，其缩进量始终保持 2 个字符数，格式总是一致的。
>
>
>
> 图 3-12 采用"厘米"、"字符"、"磅"等混合单位
>
> 2. 想把设置好的某段落的格式快速应用到其他段落，依然可以使用"格式刷"，单击或双击"格式刷"的作用与使用方法，同前面复制字符格式一样。
>
> 在复制文本的格式时，如果选中了文本末端的段落符号，则在粘贴格式时会同时将该段落的格式进行复制操作。

任务 7　制作一份电子报刊

任务描述

新学期开始不久,学校为了丰富同学们的业余生活,要求同学们围绕"人生启迪"这一主题制作一份电子报刊,如图 3-13 所示。

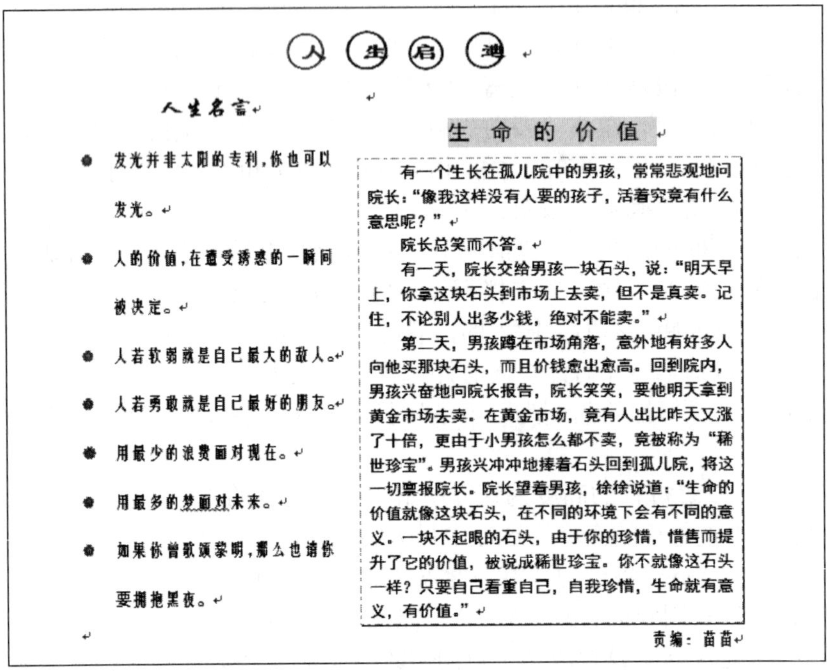

图 3-13　电子报刊

任务解析

本次任务中,需要达到以下目的:
- 输入文本;
- 设置字符格式与段落格式;
- 设置边框与底纹;
- 设置项目符号与编号;
- 分栏排版;
- 中文版式的使用。

本任务的操作步骤如下:
(1)新建 Word 文档,选择自己擅长的汉字输入方法输入如下文本内容。

人生启迪

人生名言

发光并非太阳的专利,你也可以发光。

人的价值,在遭受诱惑的一瞬间被决定。

人若软弱就是自己最大的敌人。

人若勇敢就是自己最好的朋友。

用最少的浪费面对现在。

用最多的梦面对未来。

如果你曾歌颂黎明，那么也请你要拥抱黑夜。

　　生命的价值

有一个生长在孤儿院中的男孩，常常悲观地问院长："像我这样没有人要的孩子，活着究竟有什么意思呢？"

院长总笑而不答。

有一天，院长交给男孩一块石头，说："明天早上，你拿这块石头到市场上去卖，但不是真卖。记住，不论别人出多少钱，绝对不能卖。"

第二天，男孩蹲在市场角落，意外地有好多人向他买那块石头，而且价钱越出越高。回到院内，男孩兴奋地向院长报告，院长笑笑，要他明天拿到黄金市场去卖。在黄金市场，竟有人出比昨天又涨了十倍，更由于小男孩怎么都不卖，竟被称为"稀世珍宝"。男孩兴冲冲地捧着石头回到孤儿院，将这一切禀报院长。院长望着男孩，徐徐说道："生命的价值就像这块石头，在不同的环境下会有不同的意义。一块不起眼的石头，由于你的珍惜，惜售而提升了它的价值，被说成稀世珍宝。你不就像这石头一样？只要自己看重自己，自我珍惜，生命就有意义，有价值。"

责编：苗苗

（2）按图3-13所示的文本样式设置好字符格式与段落格式。

（3）选择"发光并非太阳的专利"至"拥抱黑夜"多段文本，单击"开始"选项卡"段落"功能区的"项目符号"右侧的小三角，在弹出的下拉列表中单击"定义新项目符号"命令，打开"定义新项目符号"命令的对话框。在对话框中，单击"符号"选项卡，在弹出的"符号"对话框中找到需要的符号后单击"确定"按钮。单击"字体"选项卡，在弹出的"字体"对话框中设置项目符号的字体颜色，单击"确定"按钮设置好项目符号。

（4）选择"生命的价值"文本，单击"开始"选项卡"段落"功能区的按钮右侧的小三角，在弹出的下拉列表中单击"边框与底纹"命令，打开"边框与底纹"命令的对话框，在对话框中单击"底纹"选项卡，设置好适宜的底纹颜色。

（5）选择"人生名言"至文尾各段，单击"页面布局"选项卡"页面设置"功能区的"分栏"命令，在打开的下拉列表中单击"更多分栏"命令，在弹出的"分栏"对话框中进行分栏的设置，选择"两栏"，注意取消掉"栏宽相等"复选框的勾，调整栏宽为左窄右宽的样式，栏间距为2字符。

（6）选择"有一个生长在孤儿院中的男孩"至"生命就有意义，有价值"多段文本，单击"开始"选项卡"段落"功能区的按钮右侧的小三角，在弹出的下拉列表里单击"边框和底纹"命令，在"边框"选项卡中选择"方框"，对边框的线型和颜色进行设置之后单击"确定"按钮。

（7）分别选定最上端"人生启迪"文本中的"人"，单击"开始"选项卡"字体"功能区的"带圈字符"按钮，在弹出的"带圈字符"对话框中设置样式和圈号，单击"确定"按钮。同样的方法对另外三个字"生"、"启"、"迪"进行设置。

（8）保存文档，命名为"电子报刊.docx"。

3.3 设置项目符号和编号、边框与底纹

1. 项目符号和编号

编排文档时，在某些段落前加上项目符号或编号，可以使内容醒目，提高文档的可读性。手工输入段落编号或项目符号时不仅效率不高，而且在增、删段落时还需修改编号顺序，容易出错。在 Word 中，可以在键入时自动给段落创建编号或项目符号，也可以给已键入的各段文本添加编号或项目符号。在给已有的各段落添加编号或项目符号时，要先选定要添加项目符号或编号的各段落。

添加项目符号和编号的方式如下：

（1）单击"开始"选项卡"段落"功能区上的"项目符号" ≡· 按钮或"编号"按钮，可以快捷地直接为段落添加项目符号或编号。

（2）单击"开始"选项卡"段落"功能区上的"项目符号"右侧的按钮▼，在其下拉列表中，如图 3-14 所示选择喜欢的符号作为项目符号使用。如果喜欢的项目符号在下拉列表中不存在，或者想对项目符号有更多的格式要求，可以单击下拉列表中的"定义新项目符号"命令，在弹出的对话框中，如图 3-15 所示选择"符号"命令，在弹出的"符号"对话框中，如图 3-16 所示选择合适的项目符号；也可以在"定义新项目符号"对话框中选择"字体"命令，在弹出的对话框中设置合适的项目符号格式。

▶ 图 3-14 "项目符号"下拉列表

▶ 图 3-15 "定义新项目符号"对话框

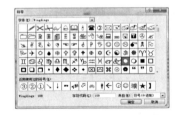

▶ 图 3-16 "符号"对话框

（3）在写多项条款或操作步骤时通常需要设置自动编号来避免重复的操作。要对文本进行自动编号，只需单击"开始"选项卡"段落"功能区上的"编号"右侧的按钮▼，在弹出的下拉列表中可以看到常用的一些编号，如图 3-17 所示，选择喜欢的编号和编号格式。与项目符号一样，编号也有多种格式可供选择，同样可以通过单击下拉列表中的"定义新编号格式"命令打开"定义新编号格式"对话框，如图 3-18 所示来选择更合适的编号格式和样式。单击"定义新编号格式"对话框中的"字体"命令，在打开的对话框中对编号的颜色和字号等进行不同的设置后，可以实现不同的效果。

模块三　文档的格式设置

▶ 图 3-17　"编号"下拉列表　　▶ 图 3-18　"定义新编号格式"对话框

小技巧

在键入文本时自动创建项目符号的方法是：在键入文本时，先输入一个星号"*"，后面跟一个空格，然后输入文本。星号会自动改变成黑色圆点的项目符号，并在新的一段开始处自动添加同样的项目符号。这样，逐段输入，每一段前都有一个项目符号，最新的一段（指未输入文本的一段）前也有一个项目符号。如果要结束自动添加项目符号，可以按【BackSpace】键删除插入点前的项目符号，或再按一次【Enter】键即可。

如果要结束自动创建编号，可以按【BackSpace】键删除插入点前的编号，或再按一次【Enter】键即可。在这些建立了编号的段落中，删除或插入某一段落时，其余的段落编号会自动修改，不必人工干预。

2. 边框和底纹

有时，对文档的某些重要段落或文字加上边框或底纹，使其更为突出和醒目。添加方法如下：

（1）单击"开始"选项卡"段落"功能区上"边框"按钮右侧的 ，在弹出的下拉列表中选择"边框和底纹"命令，弹出如图 3-19 所示的"边框和底纹"对话框。

▶ 图 3-19　"边框和底纹"对话框

（2）"边框"选项卡可为选定的段落或文字添加不同样式、颜色、宽度的边框。"应用于"下拉列表框里有"文字"和"段落"两个选项，分别适用于对文字和段落添加边框。

（3）"底纹"选项卡可为选定的段落或文字添加底纹，如图 3-20 所示，可以在对话框中设置背景的颜色和图案。对"文字"和"段落"分别添加边框和底纹后的效果，如图 3-21 所示。

（4）"页面边框"选项卡可以为所选节或全部文档添加页面边框。"页面边框"与"边框"的选项相差不大，多了一项"艺术型"的设置。"应用于"的下拉列表框里包括"整篇文档"和"本节"等选项。图 3-22 为添加了艺术型页面边框的效果。

▶ 图 3-20 "底纹"选项卡

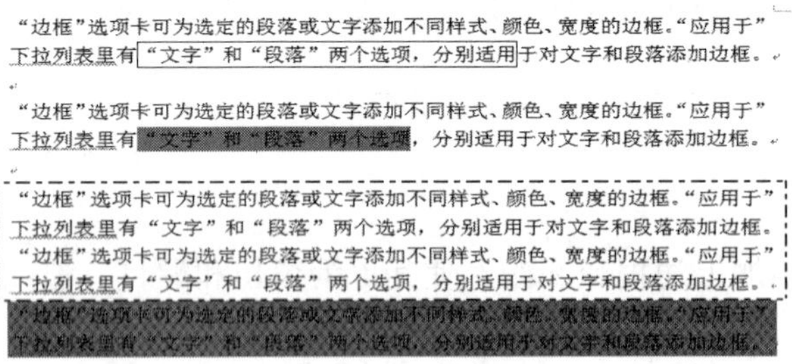

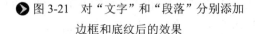

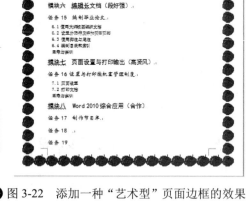

▶ 图 3-21 对"文字"和"段落"分别添加边框和底纹后的效果

▶ 图 3-22 添加一种"艺术型"页面边框的效果

3.4 设置文档分栏、首字下沉

1．分栏排版

文档的分栏排版比较常用，一般在报纸、杂志中经常可以见到，如果文档中的内容较多，运用 Word 的分栏排版功能可以将文档分成两栏或多栏，这样不但美观，而且不会让人感觉到视觉疲劳。

设置分栏排版的方法如下：

选定要分栏的内容，单击"页面布局"选项卡"页面设置"功能区中的"分栏"命令，在下拉列表中选择合适的选项。如图 3-23 所示。如果找不到合适的分栏情况，或者想要对分栏的情况做更详细的设定，可以选择下拉列表中的"更多分栏"命令，弹出"分栏"对话框，如图 3-24 所示。在该对话框中，用户可以设置栏数、栏宽度、栏间距以及是否在栏间加分隔线等，最后在"应用于"下拉列表框中选择应用范围，设置完成后单击"确定"按钮。将选定文本设置两栏，加分隔线后的效果，如图 3-25 所示。

▶ 图 3-23 "分栏"下拉列表

在对文本进行分栏操作后，发现两栏文本的长度不一样，这时可以将鼠标光标定位于多余行数的中间位置，单击"页面布局"选项卡中的"分隔符"按钮 ，在弹出的菜单中执行"分栏符"命令即可将两栏调整为相同的长度。

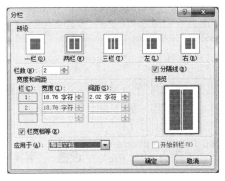

▶ 图 3-24 "分栏"对话框

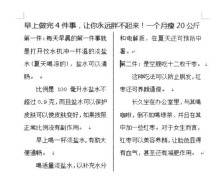

▶ 图 3-25 分栏后的效果

如果想取消分栏设置，可以选定分栏的部分，然后打开"页面布局"选项卡"页面设置"功能区的"分栏"命令，在弹出的下拉列表中单击"一栏"即可。

2. 首字下沉

首字下沉是指段落的第一个字放大数倍、下沉几行。这种排版方式在各种报刊或杂志上随处可见，它不仅丰富了页面，而且使读者一看便知文章的起始位置在哪里，起到提醒或引人注意的效果。

设置首字下沉的方法：选中一个段落或将插入点移至指定段落，单击"插入"选项卡的"文本"功能区中的"首字下沉"命令，弹出下拉列表选项，如图 3-26 所示，在下拉列表中直接选择"下沉"或"悬挂"设置。选择"下沉"，使首字后的文字围绕在首字的右下方；选择"悬挂"，使首字下面不排文字；选择"无"，则不进行首字下沉，若该段落已设置首字下沉即取消首字下沉功能。如果想修改首字下沉的参数，也可以单击下拉列表中的"首字下沉选项"命令，在弹出的"首字下沉"对话框中可以对首字下沉的属性进行具体的设置，如图 3-27 所示。

▶ 图 3-26 "首字下沉"下拉列表

▶ 图 3-27 "首字下沉"对话框

3.5 设置中文版式

有些场合，需要输入一些比较特殊的文本，比如说输入带拼音的文章、带圈的字符等，按照常规的方法有些费事。在 Word 中，还特别针对这些需求提供了别具特色的功能，如标注拼音功能，这对于推广普通话和制作儿童读物特别有帮助。

1. 拼音指南

这一项功能相对比较简单，只要先输入完要加入拼音的文本，选中以后，单击"开始"选项卡"字体"功能区的"拼音指南"按钮，弹出"拼音指南"对话框，如图 3-28 所示。

▶ 图 3-28 "拼音指南"对话框

从图中可以看出，添加的拼音还可以设置字体、字号、对齐方式等，为了显示符合要求，可能需要反复试几次，直到最终满意为止。设置好的结果，如下图 3-29 所示。

▶ 图 3-29 "拼音指南"设置好的效果

> **小技巧**
>
> 在"拼音指南"对话框中，单击"清除读音"按钮可将默认的拼音清除，然后按照个人的要求输入拼音。

2. 带圈字符

把文字用圈括起来，可以起到醒目的作用，或者满足个性化编辑的需要。操作起来也比较简单，方法如下：

选中要添加圈的文字，然后单击"格式"选项卡"字体"功能区的"带圈字符"命令按钮，弹出"带圈字符"对话框，如图 3-30 所示。选择好样式和圈号，单击"确定"按钮。

3. 合并字符

有些情况，如多个单位要同时落款的时候，合并字符就显得很有用了，它们可以同时显示在一行当中。用合并字符能够很容易的解决这个问题。选择要合并的字符，单击"开始"选项卡"段落"功能区的"中文版式"按钮，打开下拉列表，如图 3-31 所示。选择下拉列表中"合并字符"命令，弹出"合并字符"对话框，如图 3-32 所示。可以在对话框中设置"字体"和"字号"，也可以输入文字，设置好之后单击"确定"按钮。设置后的效果，如图 3-33 所示。

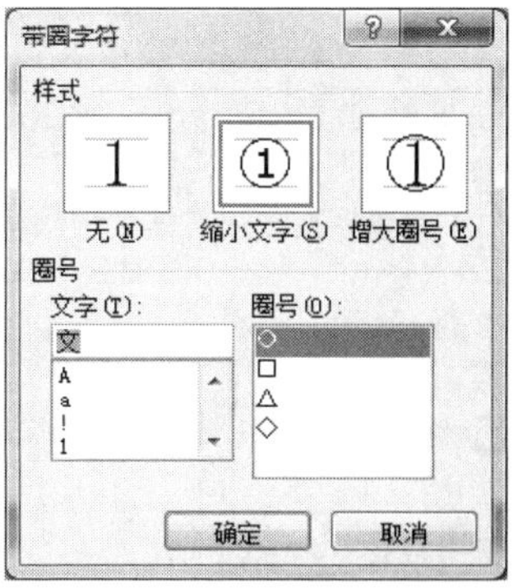

▶ 图 3-30 "带圈字符"对话框    ▶ 图 3-31 "中文版式"下拉列表

▶ 图 3-32 "合并字符"对话框 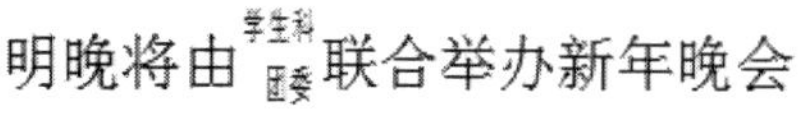   ▶ 图 3-33 合并字符后的效果

从图 3-33 中可以看到，文字最多只能是六个，这显然不能满足需要。怎么办呢？解决方法如下：在合并字符 ^{学生科}/_{团委} 上按右键，选择"切换域代码"，这时要合并的字符变成了格式如图 3-34 所示。只要将"学生科"与"团委"换成需要的字符就可以了，这时将没有六个字符的限制。改完后，右键选"切换域代码"便可以。比如说设置成如下图 3-35 所示的格式。

▶ 图 3-34 合并字符后切换域代码    ▶ 图 3-35 重新设置合并字符后的效果

4. 双行合一

双行合一和合并字符有些类似，都是为了把两行文字并列显示。双行合一，则把两行文字进行缩小，以便能在一行中显示，双行合一实现的方法如下：选择要双行合一的文字，打开"开始"选项卡"段落"功能区"中文版式"下拉列表中的"双行合一"命令，弹出"双行合一"对话框，如图 3-36 所示。根据需要确定是否要勾选"带括号"复选框。如果不加括号，则两行文字就缩小以两行等式显示。如果选中"带括号"复选框，则用括号将两行文字括起来，然后单击"确定"按钮。

5. 纵横混排

有时候，想把一个字或者一个词进行特殊处理，把它变成纵排方式，但也占据一行的宽度来显示，以体现其明显性，达到醒目的要求。实现方法如下：输入文字，选中欲纵横混排的文字，选择"开始"选项卡"段落"功能区"中文版式"下拉列表中的"纵横混排"命令，弹出"纵横混排"对话框，如图 3-37 所示。如果选中"适应行宽"，纵横混排的文字就占据相同的行宽（横排）或列宽（纵排）。设置后的效果如图 3-38 所示。

图 3-36 "双行合一"对话框

图 3-37 "纵横混排"对话框

图 3-38 设置纵横混排后的效果

上机实训 3

1. 打开素材文件夹中的"练习 1.docx"文档,设置标题行"沛县中学 1965 级高一(1)班同学'再相会'"联谊活动邀请函"字体为楷体,字号为四号,字形为加粗格式,设置字符间距加宽 3 磅,对齐方式为居中。正文各段字体为宋体,字号为小四号。正文部分的"你好"至"期待你的到来!"各段,首行缩进 2 字符,2 倍行距。最后两行设置右对齐。按原文件名保存。

"练习 1.docx"文档内容如下。

沛县中学 1965 级高一(1)班同学"再相会"联谊活动邀请函
×××同学:
你好!
每提及你的名字,你仿佛就站在我们眼前,仿佛又回到火热的学校生活,思念之情油然而生。想来你也和我们一样,很想一聚。
四十五年啦,但多彩的学校生活、深厚的同学情谊却还是那么清晰。我们的眼前常常浮现出教室门前那棵葱绿的核桃树,浮现出假山旁那几杆婆娑的青竹,浮现出教堂那带有神秘色彩的西式建筑;耳畔常常回响起徐李云校长那渊博、机敏、幽默的语言,回响起张德沛老师那简洁、明晰的讲演,回响起刘洪铃师傅摇动的清脆铃声的悠远;脑海里更记得高考辉煌的 1965 年,记得我们高一(1)班演出的引人注目的《红梅赞》,记得我们清晨书声琅琅、志存高远。
四十五年啦,不论浪迹于天涯、还是踟蹰于海角,不论在从军路上、还是在三尺讲台,不论享受着成功的辉煌、还是咀嚼着失意的苦涩,那深深的同学情啊,始终像一坛陈年老酒,日久弥浓的醇香,深深地陶醉着我们。多少回神游母校,多少次梦醒相会。聚吧,日已过午,不聚更待何时?每一颗心都热切地期盼着。
四十五年啦,我们这一群鬓染微霜、年过花甲之人又要相聚了,那赤子之情犹如激流般地涌动。撂下厨房的汤勺,丢下手中的菜篮,扶下膝头的爱孙,不顾汽车的颠簸,不怕航轮的惊涛,不惧飞机的气旋,奔跑着,跳跃着,唱着,笑着,紧紧相拥,有多少深情要叙,有多少挚语要说!
四十五年啦,来吧!相聚的激情、相聚的欢乐、相聚的回忆,将是尚满天际的红霞、重阳佳节的黄菊，描绘出我们人生中一道亮丽的风景线。给我们鼓舞，给我们热情，给我们感悟，给我们温馨。来吧！你的到来将给联谊增辉，你的缺席将使每一个人怅然。来吧！每一个同学都张开着热情的双臂，期待着、期待着你的到来！

邱兆民

2010-11-6

编辑后的效果如下。

沛县中学 1965 级高一（1）班同学"再相会"联谊活动邀请函

×××同学：

你好！

每提及你的名字，你仿佛就站在我们眼前，仿佛又回到火热的学校生活，思念之情油然而生。想来你也和我们一样，很想一聚。

四十五年啦，但多彩的学校生活、深厚的同学情谊却还是那么清晰。我们的眼前常常浮现出教室门前那棵葱绿的核桃树，浮现出假山旁那几杆婆娑的青竹，浮现出教堂那带有神秘色彩的西式建筑；耳畔常常回响起徐李云校长那渊博、机敏、幽默的语言，回响起张德沛老师那简洁、明晰的讲演，回响起刘洪铃师傅摇动的清脆铃声的悠远；脑海里更记得高考辉煌的 1965 年，记得我们高一(1)班演出的引人注目的《红梅赞》，记得我们清晨书声琅琅、志存高远。

四十五年啦，不论浪迹于天涯、还是踟蹰于海角，不论在从军路上、还是在三尺讲台，不论享受着成功的辉煌、还是咀嚼着失意的苦涩，那深深的同学情啊，始终像一坛陈年老酒，日久弥浓的醇香，深深地陶醉着我们。多少回神游母校，多少次梦醒相会。聚吧，日已过午，不聚更待何时？每一颗心都热切地期盼着。

　　四十五年啦,我们这一群鬓染微霜、年过花甲之人又要相聚了,那赤子之情犹如激流般地涌动。撂下厨房的汤勺,丢下手中的菜篮,扶下膝头的爱孙,不顾汽车的颠簸,不怕航轮的惊涛,不惧飞机的气旋,奔跑着,跳跃着,唱着,笑着,紧紧相拥,有多少深情要叙,有多少挚语要说!

　　四十五年啦,来吧!相聚的激情、相聚的欢乐、相聚的回忆,将是尚满天际的红霞、重阳佳节的黄菊,描绘出我们人生中一道亮丽的风景线。给我们鼓舞,给我们热情,给我们感悟,给我们温馨。来吧!你的到来将给联谊增辉,你的缺席将使每一个人怅然。来吧!每一个同学都张开着热情的双臂,期待着、期待着你的到来!

邱兆民

2010-11-6

2. 打开素材文件夹中的"练习2.docx"文档,设置标题行"打开文档"的字号为三号、加粗,居中对齐,并添加蓝色文字边框。将正文各段首行缩进2个字符,单倍行距,段后1行。将正文第一段分等宽的两栏,栏间距2个字符,加紫色段落底纹。将正文第1段设置首字下沉,将其字体设置为华文行楷,下沉行数为2。给正文第2~4段添加黑色方块项目符号。按原文件名保存。

练习2.docx 文档内容如下。

打开文档

编辑一篇已存在的文档,必须先打开文档。Word 提供了多种打开文档的方法,这些方法大致可以分为两种。一种是双击文档图标,在启动 Word 时同时打开文档;另一种是已打开 Word 应用程序,再打开文档,这时可以有以下几种方法打开一个文档。
方法1:单击"常用"工具栏上的"打开"按钮或单击"文件"菜单中的"打开"命令。弹出图3-7所示"打开"对话框,在对话框中选择文档所在的驱动器、文件夹及文件名。
方法2:要打开最近使用过的文档,请单击"文件"菜单底部的文件名。Word 在默认情况下，"文件"菜单下列出 4 个最近使用的文档。用户可以设置列出文档的个数，在 Word 菜单"工具"→"选项"→"常规"中进行设置，最多可列出最近所用的 9 个文档。

方法 3：在任务窗格中选择要打开的文档。在"视图"菜单中选择"任务窗格"，在显示出的任务窗格中选择"开始工作"任务窗格，在最下面的"打开"框中选择要打开的文档。

操作完成后的效果，如图 3-39 所示。

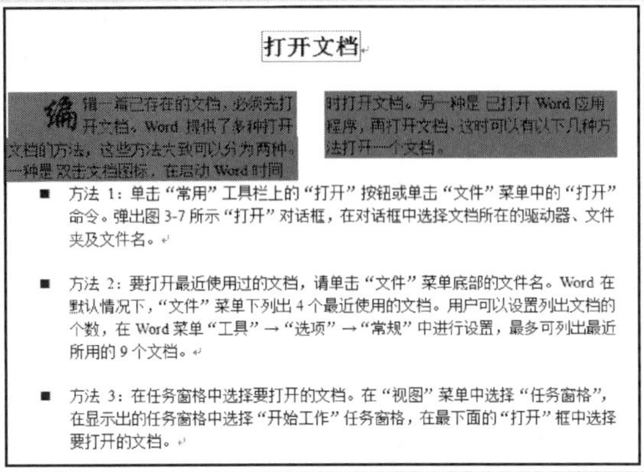

图 3-39 设置完成后的效果

3. 对下文进行中文版式的排版

对下文进行中文版式的排版，设置后的效果，如下面所示。

2014 年 4 月 30 日，学校学生科团委将联合举办新生军训会操表演，展示 2014 级新生的风采。举办地点在学校西操场，时间为上午 9 点，欢迎全校师生前去观看。

设置后的效果：

2014 年 4 月 30 日，学校$^{学生科}_{团\ \ 委}$将联合举办新生军训会操表演，展示$^{20}_{14}$级新生的风采。举办地点在学校西操场，时间为上午 9 点，欢迎全校师生前去观看。

模块四

文档的图文混排

制作的 Word 文档中如果大多数的内容都是文字，看起来就会感觉比较吃力、枯燥，为了使文档内容更丰富，在表达时能够更生动、直观，Word 提供了一套强大的图形、图像处理工具，用户在文档中不仅可以输入和编排文本，还可以绘制自选图形，插入并编辑图片、艺术字、剪贴画、文本框及 SmartArt 图形等，可以为这些对象设置边框、填充、阴影及样式等效果，以增强文档的美观性。

Word 2010 还提供了多种创建表格的方法，可以将创建的表格进行编辑、修改与美化。此外，还可以对表格中的数据进行排序和简单的计算。下面就具体来看一下这些内容。

 任务 8　制作宣传单

任务描述

制作一张"盆栽雪韭"的宣传单。给定的素材集中有 Word 文档"盆栽雪韭.docx"，打开该文档后，将素材中提供的图片及 Word 剪贴画插入到该文档中，使其图文并茂，从而激发读者阅读的兴趣，起到宣传该产品的作用。最终效果参见本模块配套素材中的"盆栽雪韭（效果）.docx"。

任务解析

在本次任务中，需要达到以下目的：
➢ 掌握 Word 中插入剪贴画的方法；
➢ 掌握 Word 中插入外部图片的方法；
➢ 能够根据需要调整图片大小、旋转图片、设置图片环绕方式、设置图片样式等。

本次任务的操作步骤如下：

（1）在提供的素材集中有 Word 文档"盆栽雪韭.docx"，双击打开该文档。

（2）将鼠标指针定位在文档标题"盆栽雪韭"的右侧，然后单击"插入"选项卡，在其"插图"组中单击"图片"按钮，打开"插入图片"对话框，如图 4-1 所示。

（3）在该对话框中选择本模块素材集下的图片"1.jpg"文件，然后单击"插入"按钮，将返回主文档编辑区，这时所选图片被插入到光标所在处，效果如图 4-2 所示。

（4）图片插入完后处于选定状态，当前功能区显示的是"图片工具 格式"选项卡，如图 4-3 所示。

模块四 文档的图文混排

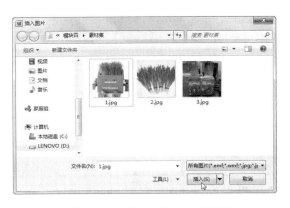

▶ 图 4-1 "插入图片"对话框

▶ 图 4-2 插入图片的效果

▶ 图 4-3 "图片工具 格式"选项卡

（5）在"图片工具 格式"选项卡的"大小"组中，修改"高度"编辑框中的数值为"3厘米"。再在该选项卡的"排列"组中单击"旋转"下拉三角按钮，在弹出的列表项中选择"其他旋转选项"，弹出"布局"对话框，在该对话框的"大小"选项卡中，有"旋转"编辑框，输入"10°"，如图 4-4 所示，然后单击"确定"按钮，则将该图片进行了旋转操作。

（6）将光标定位在第二段的开始，单击"插入→图片"按钮，打开"插入图片"对话框，选择插入的图片文件"2.jpg"，单击"插入"按钮，可将所选图片插入到光标处。在"图片工具 格式"选项卡的"大小"组中，修改"高度"编辑框中的数值为"5厘米"，然后在"排列"组中的"自动换行"下拉列表中选择"四周型环绕"，如图 4-5 所示。再用鼠标适量拖动图片，使图片位于文字左侧。

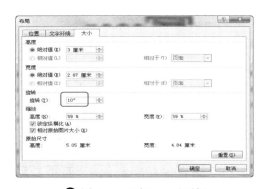

▶ 图 4-4 "布局"对话框

▶ 图 4-5 "自动换行"下拉列表

(7)在"图片工具 格式"选项卡的"图片样式"组中,依次单击"图片效果→预设→预设10",设置图片显示的效果,如图4-6所示。

(8)将光标移到文档最后,单击"插入"选项卡"插图"组的"剪贴画"按钮,打开"剪贴画"任务窗格。在任务窗格的"搜索文字"文本框中输入要搜索图片的关键字"笑脸",钩选下方的"包括Office.com内容",单击"搜索"按钮,此时在窗格下方将显示搜索到的剪贴画。通过拖动垂直滚动条找到需要的剪贴画,然后单击缩略图,将剪贴画插入到文档中,如图4-7所示。

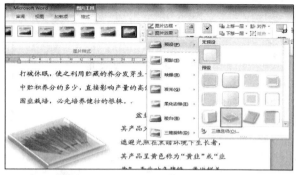

图4-6 "图片效果"下拉列表

图4-7 "剪贴画"任务窗格

(9)选中该剪贴画,在"图片工具 格式"选项卡的"排列"组中,单击"位置"按钮,在弹出的下拉列表中选择"文字环绕"中的"底端居右,四周型文字环绕",如图4-8所示。

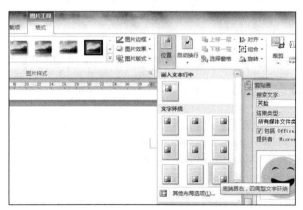

图4-8 "位置"下拉列表

（10）设置好剪贴画的环绕方式后，该任务的操作全部完成，最终效果如图 4-9 所示，最后保存该文档。

图 4-9　效果图

4.1　在文档中使用图片、剪贴画

1. 插入图片

Word 具有强大的图形处理功能，能够根据需要插入图片。插入的图片一般都是保存在计算机中的图片，所以在插入图片之前，要提前把相应的图片保存在计算机里，这样就可以随时调用了。插入图片的具体操作如下。

单击功能区"插入"选项卡中"插图"组的"图片"按钮 ，打开"插入图片"对话框，在该对话框中选择图片所在的位置，选择欲插入的图片，在这里选择模块给定的素材图片"黄山.jpg"，单击"插入"按钮，将所选图片以嵌入的方式插入到光标所在处，效果如图 4-10 所示。

图 4-10　插入图片后的效果图

小技巧

（1）如果一次要插入多张图片，可在"插入图片"对话框中按住【Ctrl】键的同时，依次选择要插入的图片，然后单击"插入"按钮。

（2）若要删除插入的图片，只需选中该图片，按【Delete】键或【BackSpace】键。

（3）以往版本的 Word 中插入屏幕截图时，需要安装专门的截图软件，或者使用键盘上的【PrtSc】键来完成。Word 2010 新增了一个非常实用的"屏幕截图"功能。具体操作如下：单击"插入"选项卡的"插图"组中的"屏幕截图"图标按钮，会弹出"可用视窗"下拉列表，可在列表中看到所有已经开启的窗口缩略图，如图 4-11 所示，单击任意一个窗口即可将该窗口完整的截图，并自动插入到当前的文档中。若只想截取屏幕上的一小部分，在单击"屏幕截图"按钮后，单击"屏幕剪辑"选项，然后在屏幕上拉出想要截取的部分后，图片会自动插入到文档中。

▶ 图 4-11 "屏幕截图"下拉列表

2. 插入剪贴画

剪贴画与图片不同，图片是用户存储在计算机中的图片，而剪贴画是系统本身自带的图画。在文档中插入剪贴画的方法比较简单，与插入图片类似，其操作步骤如下：

（1）打开 Word 文档中的"雾中登黄山.docx"，用鼠标将光标定位在欲插入图片的位置，在这里将光标定位在第一段的开始，单击"插入"选项卡"插图"组中的"剪贴画"按钮，弹出"剪贴画"任务窗格。

（2）在任务窗口的"搜索文字"文本框中输入要搜索剪贴画的关键字，如在本例中输入"建筑"，在"结果类型"下拉列表框中选择文件类型，如"所有媒体文件类型"，选中"包括 Office.com 内容"复选框作为搜索的范围，单击"搜索"按钮，在任务窗口下方搜索结果预览框中，显示所有符合条件的剪贴画缩略图（可以在"搜索文字"文本框中不输入任何文字，直接单击"搜索"按钮。若没有选中"包括 Office.com 内容"复选框，则直接查找 Office 2010 附带的剪贴画；若选中该项，则会在网上自动查找同类型的剪贴画）。

（3）单击搜索到的第三行第一个剪贴画缩略图，将该剪贴画插入到文档光标所在处，效果如图 4-12 所示。

3. 编辑与美化图片

插入图片后往往需要对图片进行调整大小、设定环绕方式、调整颜色、增加艺术效果等编辑和美化才能满足文档的要求，这些操作可以通过功能区的"图片工具 格式"选项卡实现。

模块四 文档的图文混排

▶ 图4-12 插入剪贴画后的效果

在文档中插入图片（或双击插入的图片）后，Word将会自动切换到"图片工具 格式"选项卡，它由"调整"、"图片样式"、"排列"和"大小"四个组组成。

（1）"调整"组

利用"调整"组可以对图片进行亮度、对比度和颜色的调整，该组的构成如图4-13所示。

▶ 图4-13 "调整"选项组

① 单击"删除背景"按钮 ，将自动删除不需要的部分图片，单击"保留更改"按钮 后，效果如图4-14 右图所示。

▶ 图4-14 "删除背景"前后对比（左图为原图，右图为"删除背景"后效果）

② 单击"更正"按钮 ，弹出下拉列表，在列表中可以设置图片的"锐化和柔化"及"亮度和对比度"。同时，列表最下面还有一项为图片"更正"选项，可以通过该项对图片进行更正设置，如图4-15所示。

③ 单击"颜色"按钮 ，在弹出的下拉列表中可以设置图片的"颜色饱和度"、"色调"，对图片"重新着色"，设置"其他变体"，设置"透明色"，还可以通过图片"颜色"选项进行更多的颜色设置，如图4-16所示。

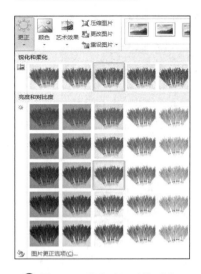

▶ 图 4-15 "更正"下拉列表

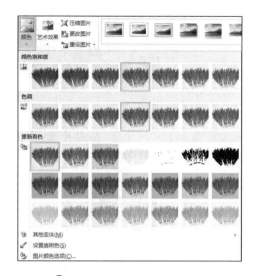

▶ 图 4-16 "颜色"下拉列表

④ 单击"艺术效果"按钮，在弹出的下拉列表中有多种不同的图片效果供选择，从而使图片整体的效果更加明显，如图 4-17 所示。

⑤ 单击"压缩图片"按钮，可用来压缩文档中的图片以减小其尺寸。

⑥ 单击"更改图片"按钮，可打开"插入图片"对话框，将当前选定图片更改成其他图片，但是保留当前图片的格式和大小。

⑦ 单击"重设图片"按钮，可放弃对图片所做的全部格式更改，将图片恢复到原始状态。

（2）"图片样式"组

利用"图片样式"组能够快速为图片设置系统提供的各种样式，为图片添加边框、设置特殊效果等。

① 单击"图片样式"组中按钮，可以列出系统提供的各种样式，可从中选择一种喜欢的风格，如图 4-18 所示。

▶ 图 4-17 "艺术效果"下拉列表

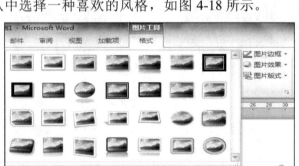

▶ 图 4-18 "图片样式"下拉列表

② 通过"图片边框"按钮，可在打开的下拉列表中设置图片边框的线型、颜色与粗细。

③ 通过"图片效果"按钮，可进行一些特殊效果的设置，如阴影、发光、柔

化边缘等。

（3）"排列"组

插入图片到文档后，图片默认为是以嵌入方式排列的，此时图片的移动范围受限制。若要自由移动或对齐图片等，需要将图片的文字环绕方式设置为非嵌入型。利用"排列"组可以设置图片的文字环绕方式、对齐及旋转等，该组的构成如图4-19所示。

▶ 图4-19 "排列"选项组

① 单击"位置"按钮，弹出下拉列表，如图4-20所示，在其中可以设置"嵌入文本行中"、"文字环绕"及"其他布局选项"等。在"文字环绕"列表中根据图片位置提供了九种"四周型文字环绕"方式，可根据需要进行选择。

② 单击"自动换行"按钮，在弹出的下拉列表中可设置图片的文字环绕方式。"环绕方式"是指图片与文档中其他文字的关系，包括"嵌入型"、"四周型环绕"、"紧密型环绕"、"穿越型环绕"、"上下型环绕"等方式，如图4-21所示。"嵌入型"是指图片镶嵌在指定的段落上，当段落移动时，它也随着移动，这也是插入图片后默认的方式。"四周型环绕"是指中间是图片，四周是文字。"紧密型环绕"是指中间是图片，四周是文字，且与文字之间距离较小。"穿越型环绕"是指文字可以穿越不规则图片的空白区域，环绕图片。"上下型环绕"是指文字环绕在图片上方和下方。"衬于文字下方"是指图片在文字的下面，文字处于上方。"浮于文字上方"是指图片在文字的上面，透过图片可以看到文字。

▶ 图4-20 "位置"下拉列表

③ "上移一层"与"下移一层"按钮的功能是：当有多张图片或多个对象重叠时，将选定图片或对象上移或下移。利用"对齐"下拉列表可将所选的多个对象对齐，如"左对齐"、"右对齐"、"顶端对齐"、"上下居中"对齐等。利用"旋转"下拉列表可以旋转或翻转所选图片或对象。

▶ 图4-21 "自动换行"下拉列表

（4）"大小"组

利用"大小"组可以调整图片大小和裁切图片。

① 图片插入文档后，往往需要改变大小，可单击图片，图片周围显示八个控制点，将鼠标指针移至图片的四角控制点上，当鼠标指针变为斜向双箭头形状时，按住左键并拖动，可等比例缩放图片。当鼠标指针移到图片四边中间的控制点时，鼠标指针变为水平或竖直双向箭头形状时，按住左键拖动鼠标，可调整图片的宽度或高度。

② 若要精确调整图片的大小，可在选中图片后，在"大小"组中"高度"编辑框中输入具体数值，按【Enter】键确认后，"宽度"编辑框中数值将自动调整。

③ 通过"剪裁"下拉列表可根据需要裁切掉不需要的部分。图片被裁剪掉的区域并不是真的被删除，而是被隐藏起来。要显示被裁剪的内容，只需单击"裁剪"按钮，再将鼠标指针移到相应的控制点上，按住左键向图片外拖动鼠标即可。

任务 9　制作贺卡

任务描述

打开模块四中提供的素材文档"教师节贺卡.docx",先插入素材集中的图片"教师节.jpg",再在其中指定位置分别插入艺术字"爱岗敬业　潜心育人"和"教师节",制作出一张教师节贺卡,最后保存该文档。

任务解析

在本次任务中,需要达到以下目的:
➢ 掌握在 Word 文档中插入"艺术字"的方法;
➢ 能够根据需要对艺术字进行各种编辑与美化。

本次任务的操作步骤如下:

（1）找到模块四素材 Word 文档中的"教师节贺卡.docx",双击打开该文档。

（2）单击"插入"选项卡"插图"组中"图片"按钮,打开"插入图片"对话框,在其中选择素材图片"教师节.jpg",单击"插入"按钮,则将所选图片插入到当前文档,效果如图 4-22 所示。

（3）单击"插入"选项卡 "文本"组中"艺术字"按钮,弹出"艺术字"下拉列表,如图 4-23 所示。

（4）在该下拉列表中选择第一行第三列"填充-白色,投影"样式,此时在文档左上角会出现编辑艺术字文本框,如图 4-24 所示。

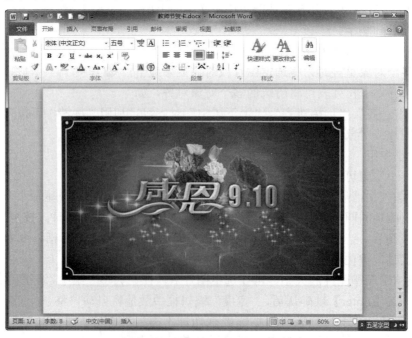

图 4-22　插入图片后效果图

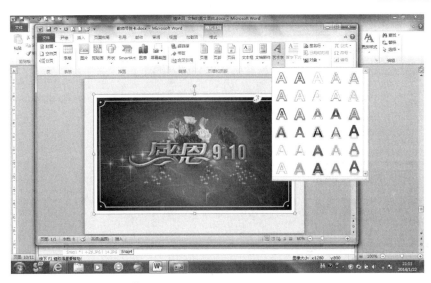

图 4-23 "艺术字"下拉列表

图 4-24 编辑艺术字文本框

（5）在艺术字文本框中输入文字"爱岗敬业 潜心育人"，输入后将鼠标移到文本框上，当鼠标指针变为✥形状时，按住左键拖动鼠标，移动文本框到合适位置，效果如图 4-25 所示。

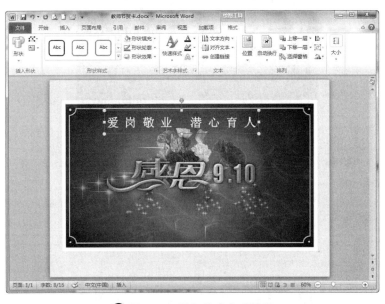

图 4-25 插入艺术字后效果

（6）插入艺术字后，功能区会出现"绘图工具 格式"选项卡，单击该选项卡"艺术字样式"组的"文本效果"下拉三角按钮，弹出下拉列表，依次选择"转换→跟随路径→上弯弧"，如图 4-26 所示，则艺术字变为上弯弧效果，用光标键向下移动到合适位置，如图 4-27 所示。

（7）再次单击"插入→文本→艺术字"，在弹出的"艺术字"下拉列表中选择第三行第二列"填充 - 橙色，强调文字颜色 6，渐变轮廓 - 强调文字颜色 6"样式，然后在艺术字文本框中输入文字"教师节"，使用"开始"选项卡中"字体"组设置 "教师节"三个字的字体字号为"隶书，72号字"，再移动该艺术字到图片下方，贺卡便制作完成，效果如图 4-28 所示，最后保存该文档。

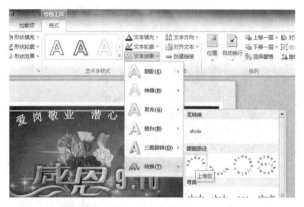

图 4-26 "文本效果"下拉列表

图 4-27 艺术字设置上弯弧后效果图

图 4-28 贺卡效果图

4.2 在文档中使用艺术字

1. 插入艺术字

艺术字即图形化的文字，它是将普通文字以图形的方式表现出来，Word 的艺术字库中包含了许多艺术字样式，选择所需的样式，输入文字，就可以轻松地在文档中插入漂亮的艺术字，从而美化文档。以下是插入艺术字的操作步骤。

（1）将光标定位到欲插入艺术字的位置，单击"插入"选项卡上"文本"组中"艺术字"按钮，弹出"艺术字样式"下拉列表，从中选择所需样式，则会在文档光标处出现艺术字文本框"请在此放置您的文字"。

（2）在艺术字文本框中直接输入艺术字文本，即可完成艺术字的插入。

2. 编辑艺术字

艺术字创建好后，可根据需要对其进行相应的编辑与美化，使插入的艺术字更加美观，符合文档的要求。艺术字插入后，功能区将自动显示"绘图工具 格式"选项卡，此选项卡中所包含的"艺术字样式"、"文本"与"形状样式"组可用来实现对艺术字的编辑操作。

（1）"艺术字样式"组

① 单击艺术字样式库中的 按钮下拉三角，在弹出的下拉列表中选择一种样式以更改原样式。

② 单击下拉三角按钮，在弹出的下拉表中，可以选择用纯色、渐变色、图片或纹理来填充艺术字文本，如图 4-29 所示。

③ 单击下拉三角按钮，在弹出的下拉列表中，可设置艺术字文本轮廓的颜色、宽度和线型。

④ 单击下拉三角按钮，在弹出的下拉列表中，可设置艺术字文本的阴影、发光、映像或三维旋转等外观效果。

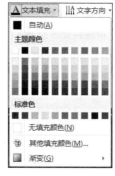

图 4-29 "文本填充"下拉列表

（2）"文本"组

通过该组可将艺术字文本由水平排列变为垂直或堆积排列，也可旋转到所需方向。另外，使用该组还能更改艺术字的对齐方式。

（3）"形状样式"组

通过该组可更改艺术字文本框的形状、样式，还可对艺术字文本框设置填充、轮廓和形状效果等格式。

① 新建一个空白文档，单击"插入→文本→艺术字"，选择"艺术字样式"下拉列表中第五行第三列的样式，输入艺术字文本"新年快乐"。

② 选中该艺术字，在"绘图工具 格式"选项卡的"形状样式"组中，单击形状样式库 的 按钮，弹出"形状样式"下拉列表，在其中选择第四行第三列的"细微效果－红色，强调颜色 2"样式。

③ 单击按钮，在弹出的下拉列表中选择"渐变→变体→线性向右"选项。

④ 单击按钮 [形状轮廓▼]，在弹出的下拉列表中选择"标准色→橙色"。

⑤ 单击按钮 [形状效果▼]，在弹出的下拉列表中选择"阴影→外部→右下斜偏移"选项。

⑥ 单击"绘图工具 格式"选项卡的"插入形状"组中的按钮 [编辑形状▼]，在弹出的下拉列表中选择"更改形状→星与旗帜→双波形"样式，则该艺术字设置的最终效果如图4-30所示。

▶ 图 4-30 艺术字设置效果图

任务 10 制作流程图

任务描述

新建一个空白文档，在文档中绘制任务里需要的各种图形，在图形中添加文字，插入符合要求的文本框，制作出一个密码确认的流程图。

任务解析

在本次任务中，需要达到以下目的：
> 能够在 Word 文档中绘制图形，并能够对图形进行添加文字，调整大小和形状，设置样式、轮廓、填充和效果等操作；
> 掌握在文档中插入文本框的方法，能够利用文本框在 Word 文档的任意位置添加文本，并能够对添加的文本框进行编辑操作。

本次任务的操作步骤如下：

（1）新建一个 Word 文档，并命名为"密码确认流程图.docx"。

（2）单击"插入"选项卡"插图"组中"形状"按钮 ，弹出"形状"下拉列表，如图4-31所示。在列表中选择"矩形"组中的"圆角矩形"图标，这时鼠标会变成"十"字形，按住左键拖动，画出一个矩形区域，该矩形本身已带有一定的格式，如图4-32所示。

▶ 图 4-31 "形状"下拉列表

（3）选中矩形右击，在弹出的快捷菜单中选择"添加文字"命令，矩形内会出现插入点光标，输入文字"开始"后，选中文字，在"浮动工具栏"中修改文字的字体为"黑体"。

（4）单击"插入→插图→形状"，在"形状"下拉列表中选择"箭头总汇"组中的"右箭头"图标 ，在矩形框的右侧按住左键拖动鼠标绘制右箭头，再移动箭头到合适位置。调整图形位置时可使用鼠标拖动图形或选中图形后使用键盘上的"上、下、左、右"光标键进行上下左右方向的精细调整。

（5）单击"插入→插图→形状"，在"形状"下拉列表中选择"流程图"组中的"数据"图标 ，在箭头右侧按住鼠标左键拖动，绘制出平行四边形，右击图形，在弹出的快捷菜单中选择"添加文字"命令后，在图形内的插入点处输入文字"输入密码"，若文字显示不全，可将鼠标指针指向图形大小控制柄，当指针变成双向箭头时拖动鼠标，从而调整图形大小。再将文字字体设置为"黑体"，然后将图形移动到合适位置。用（4）步同样的方法在▱右侧绘制"右箭头"图标。

图 4-32　插入圆角矩形图形

（6）单击"插入→插图→形状"，在"形状"下拉列表中选择"流程图"组中的"决策"图标◇，在箭头右侧绘制图形，为图形添加文字"正确？"，设置文字字体为"黑体"，再调整图形大小与位置。同样的方法，继续在菱形框的右侧绘制一个"右箭头"图标，在菱形框的下侧绘制一个"下箭头"图标。

（7）单击"插入→插图→形状"，在"形状"下拉列表中选择"基本形状"组中的笑脸图标☺，在"右箭头"图形右侧拖动鼠标绘制一个笑脸，同样的方法在"下箭头"图形下方绘制一个笑脸。

（8）选中下方笑脸，在笑脸嘴部有一个黄色菱形控制柄，用鼠标向上拖动黄色控制柄，笑脸变为哭脸，如图 4-33 所示。

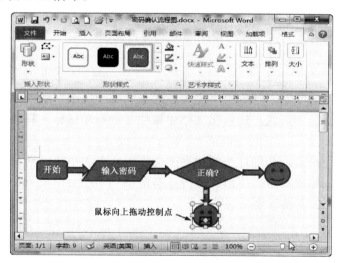

图 4-33　绘制"哭脸"图形

（9）单击"插入→插图→形状"选项，在"形状"下拉列表中选择"基本形状"组中的"文本框"图标▦，在"右箭头"图形上方拖动鼠标绘制文本框，输入文本"Yes"。单击"绘图工具 格式"选项卡中"形状样式"组右下角的"对话框启动器"按钮 ，弹出"设置形状格式"对话框，如图 4-34 所示。选择对话框左侧的"填充"类型，在右侧选择"无填充"选项，同样设置"线条颜色"类型为"无线条"，选择对话框左侧的"文本框"类型，在右侧"内部边距"选项区的"左、右、上、下"值都设置为"0 厘米"。同样的方法在"下箭头"左侧绘制文本框"No"。

（10）单击第一个图形，再按住【Shift】键依次单击其他每一个图形，将除文本框之外的所有图形全部选中，单击"绘图工具 格式"选项卡上"形状样式"组中形状样式库的 按钮，选择第四行第三列的 "细微效果 – 红色，强调颜色 2" 样式，改变所有选中图形的样式。至此，流程图制作完毕，效果如图 4-35 所示。

▶ 图 4-34 "设置形状格式"对话框

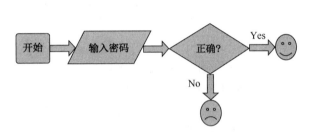

▶ 图 4-35 密码确认流程图最终效果

4.3 在文档中使用图形和文本框

在 Word 中不仅可插入图片和艺术字，还可绘制各种图形和文本框，使文档内容更加生动。图形是指各种形状，形状包括线条、箭头及各种由线条组成的简单图形。绘制好图形后还可方便地对图形进行编辑操作，使图形更加符合需求。

1．绘制图形

要想在文档中绘制图形，可单击"插入"选项卡→"插图"组中"形状"按钮，在弹出的下拉列表中选择一种形状，然后在文档中按住左键拖动鼠标，释放鼠标后即可绘制出选择的图形。

选定绘制好的图形后，与图片一样，周围会出现八个大小控制柄和一个绿色的旋转控制柄，通过它们可以缩放和旋转图形。此外，有的图形中还会出现一个黄色的控制柄，拖动控制柄可调整图形的变换程度。

> **小技巧**
>
> 绘制图形时，按住【Shift】键拖动鼠标可绘制规则图形。如绘制直线时，按住【Shift】键，可以画水平线、垂直线、45°等具有特殊角度的直线；绘制椭圆和矩形时，按住【Shift】键可绘制圆形和正方形。若绘制两个相同图形时，可绘制好一个后，进行"复制"操作。但有时进行复制操作后看不到复制的图形，是因为复制后的图形与原图形重叠了，只要在原图形上拖曳，就可找到所复制的图形。

2. 编辑图形

可以对绘制的图形进行形状、大小、线条样式、颜色及填充效果等设置，这些可通过"绘图工具 格式"选项卡实现。

（1）"插入形状"组

① 单击"插入形状"组的"形状"图标按钮 ，在弹出的"形状"下拉列表中选择图形，可在文档中绘制选中的图形。

② 单击 编辑形状 按钮，在弹出的下拉列表中选择"更改形状"，从其列表中再选择一种图形，会更改当前选定的图形；在列表中选择"编辑顶点"命令，会将选定的图形以点的形式显示，拖动点会使图形发生改变。

（2）"形状样式"组

通过该组可设置图形的不同样式，图形填充的颜色，或将图片填充到图形形状中，也可设置图形的渐变、纹理等。通过该组还可以设置图形线条的格式，如线条颜色、线条形状及粗细等。可通过该组"形状效果"选项设置特殊效果，如阴影、映像、发光、柔化边缘及三维旋转等。这些绘图工具的详细使用方法与编辑图片、艺术字相似，可参考前面所学内容。

3. 插入文本框

文本框是一种特殊的图形对象，可以放置到文档中的任意位置，可在其中输入文字，放置图片、表格等，从而设计出较为特殊的文档版式。文本框主要用于在文档中建立可移动的特殊文本，根据文字排列的方向，分为横排与竖排两种。插入文本框输入完文字后，若文本框的文字显示不全，可以用鼠标指针指向文本框的大小控制柄，按住左键拖动鼠标，扩大文本框的大小至文字显示全为止。插入文本框的方法有以下三种。

（1）单击"插入"选项卡中"插图"组的"形状"按钮 ，选择其下拉列表中"基本形状"组里的"文本框"或"垂直文本框"图标，在文档中欲插入文本框的位置按住左键拖动鼠标，可绘制出横排文本框或竖排文本框。

（2）单击"插入"选项卡中"文本"组的"文本框"按钮 ，在弹出的下拉列表中选择"内置"区的某种文本框样式，如"简单文本框"，即可在文档中插入所选文本框，只需再修改文本框中的文字就可以了。

（3）单击"插入"选项卡中"文本"组的"文本框"按钮 ，在弹出的下拉列表中选择 绘制文本框(D) 或 绘制竖排文本框(V) 命令，可在文档中按住左键拖动鼠标，绘制出横排文本框或竖排文本框。

4. 编辑文本框

在文档中插入文本框后，可通过"绘图工具 格式"选项卡对文本框的样式、边框、填充、效果、文字方向、排列、大小和文本框的文字环绕方式等进行设置，设置方法与图片及图形的设置方法相似，这里不再赘述。

文本框中文本的对齐方式及与文本框四边的距离可通过"设置形状格式"对话框实现。

（1）选中文本框，单击"绘图工具 格式"选项卡中"形状样式"组右下角的"对话框启动器"按钮 （或右击文本框，在弹出的快捷菜单中选择"设置形状格式"命令），弹出"设置形状格式"对话框。

（2）单击对话框左侧的"文本框"选项，在对话框右侧的"文字版式"选项区"垂直对齐方式"下拉列表框中可设置文字相对于文本框的对齐方式为"顶端对齐"、"中部对齐"或"底端对齐"。在对话框右侧的"内部边距"区域内可设置文本距文本框四边的距离，如图4-36所示。

5. 图形的排列与组合

当文档中插入多个图形对象时，默认的是先插入的图形对象在最下面，最后插入的图形在最上面，可以改变图形对象的叠放次序，也可以将多个图形对象组合为一个图形单元。

图 4-36 "设置形状格式"对话框

（1）改变图形对象的叠放次序可通过"绘图工具 格式"选项卡"排列"组中的 上移一层 或 下移一层 按钮来实现。

（2）在文档中的某个页面上绘制了多个图形时，为了方便统一调整其位置、填充等效果，可将它们组合为一个图形单元，从而可作为一个图形对象来进行处理。

① 选中第一个图形，然后按【Shift】键依次单击其他要参与组合的图形。

② 单击"绘图工具 格式"选项卡 "排列"组中的"组合"按钮 组合，在弹出的下拉列表中选择"组合"命令（也可右击选中的图形，在弹出的快捷菜单中选择"组合"选项的"组合"命令），即可将所选多个图形组合为一个图形单元。

③ 图形组合后将作为一个图形对象来处理，若想单独对其中一个对象编辑时，需要取消组合后才可。要取消组合，可右击组合的图形，在弹出的快捷菜单中选择"组合"选项的"取消组合"命令。

任务 11　制作学校组织结构图

任务描述

某学校的组织结构关系为"校长，副校长，副校长，副校长，教研处，教务处，教师，总务处，餐厅，财务处，会计，出纳，政教处，班主任，学生"，根据给定的文字，使用 SmartArt 图形制作出学校的组织结构图并保存文档。

任务解析

在本次任务中，需要达到以下目的：

➢ 能够在文档中插入 SmartArt 图形；

➢ 能够根据需求对插入的 SmartArt 图形进行编辑操作。

本次任务的操作步骤如下：

（1）新建 Word 文档"学校组织结构图.docx"，单击"插入"选项卡"插图"组的"SmartArt"按钮 ，打开"选择 SmartArt 图形"对话框，里面有 SmartArt 图形的各种类型，选择对话框左侧"层次结构"类型中的"层次结构"布局，在对话框右侧出现有关"层次结构"的说明文字，如图 4-37 所示。

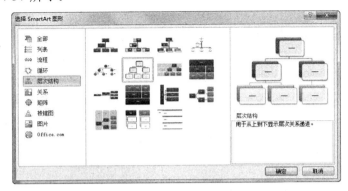

> 图 4-37　选择 SmartArt 图形类型及布局

（2）单击"确定"按钮，文档中会出现"层次结构"布局图，在布局图的左侧还会出现一个"在此处键入文字"的文本窗格，用来编辑文本内容，如图 4-38 所示。

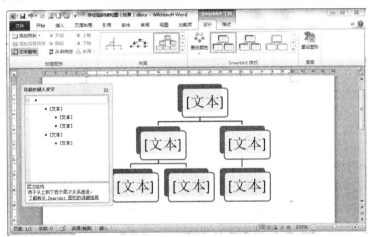

> 图 4-38　"层次结构"布局图

（3）在"文本窗格"中按层次结构输入给定文本，也可在布局图中单击每个图形直接输入，效果如图 4-39 所示。

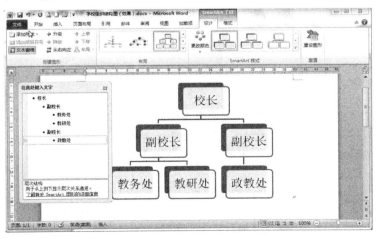

> 图 4-39　在"层次结构"中输入文字

(4) SmartArt 图形默认给定的分支不够,需要添加形状。单击第二个"副校长"图形,再单击"SmartArt 工具 设计"选项卡"创建图形"组中的"添加形状"按钮,在弹出的下拉列表中选择"在后面添加形状"选项,则在选定图形右侧又添加了一个形状。

(5) 在新添加的形状内输入文本"副校长"。用同样的方法添加其他需要的形状,并在其中输入相应的文本,效果如图 4-40 所示。

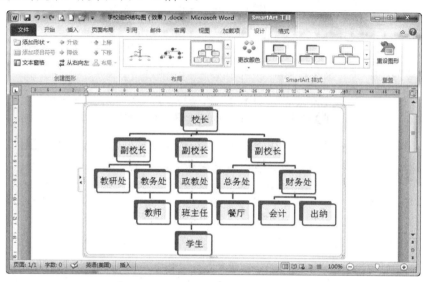

图 4-40 添加其他形状并输入文本

(6) 单击 SmartArt 图形边界,选中整个图形,在"开始"选项卡中设置字体为"华文隶书"。单击"SmartArt 工具 设计"选项卡"SmartArt 样式"组中"更改颜色"按钮,在弹出的列表中选择"彩色"中的第一个样式"彩色-强调文字颜色"。

(7) 单击"SmartArt 样式"组中样式库按钮,在弹出的下拉列表中选择"三维"组中的"嵌入"样式,保存文档,图形效果如图 4-41 所示。

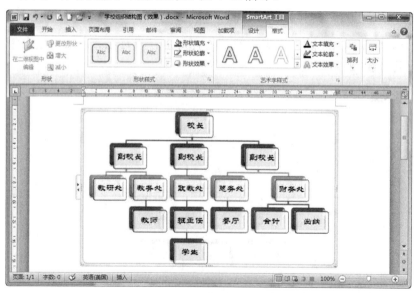

图 4-41 学校组织结构图最终效果

4.4 插入与编辑 SmartArt 图形

SmartArt 图形是以直观的方式交流信息的工具，它包括图形列表、流程图及更为复杂的图形，如维恩图和组织结构图。SmartArt 图形主要用于文档中演示流程、层次结构、循环或者关系，Word 提供了列表、流程、循环、层次结构、关系、矩阵、棱锥图、图片和 Office.com 共九种类型的 SmartArt 图形，每种类型又有几种图标布局，使用它可轻而易举地制作出具有专业水准的各类图形，有效地传达信息或作者的观点。

1. 插入 SmartArt 图形

（1）单击"插入"选项卡的"插图"组中的"SmartArt"按钮 ，打开"选择 SmartArt 图形"对话框，该对话框左侧显示了 Word 提供的九类 SmartArt 图形，如列表、流程、循环、层次结构等，中间显示了每类的布局，右侧显示每种布局的说明。

（2）选择好一种类型及布局后，单击"确定"按钮，即可在文档的插入点处创建所选的 SmartArt 图形布局图。创建 SmartArt 图形后，默认处于选定状态，其周围显示一个灰色的方框，方框内为图形的布局图，每个形状中显示"[文本]"字样。也可单击图形内任意位置将其选中。

（3）在布局图的左侧会出现一个"在此处键入文本"的文本窗格，此时光标插入符在左侧的文本窗格中闪烁，可在窗格中输入所需文本，则在右侧的布局图中相应的显示输入的文本。也可单击右侧图形中的"[文本]"字样，然后输入文本。

2. 编辑 SmartArt 图形

创建好 SmartArt 图形后，功能区会出现"SmartArt 工具 设计"和"SmartArt 工具 格式"两个选项卡，通过这两个选项卡可实现对 SmartArt 图形的编辑操作，使图形看起来更加的生动、形象。

"SmartArt 工具 格式"选项卡与"图片工具 格式"选项卡功能基本相同，可参考前面内容，在此不再赘述。

"SmartArt 工具 设计"选项卡由"创建图形"、"布局"、"SmartArt 样式"和"重置"组组成，下面分别介绍每组的功能。

（1）"创建图形"组

① 创建好 SmartArt 图形后，默认给定的分支往往不够，需要自己添加形状。选中某个形状，单击"添加形状"按钮 ，弹出下拉列表，根据想添加形状的位置选择其中一项，若想在所选形状的上一级或下一级添加形状，可以选"在上方添加形状"或"在下方添加形状"选项。若想在所选形状所在级别的后面或前面添加形状，可以选"在后面添加形状"或"在前面添加形状"选项。也可以在所选形状上右击鼠标，在弹出的快捷菜单中选择"添加形状"选项。

② 创建好 SmartArt 图形后，会在图形的左侧显示"文本窗格"，使用它可以在 SmartArt 图形中快速输入与组织文本。单击"文本窗格"按钮 可以显示或隐藏文本窗格。单击"从右向左"按钮 ，可以在"从左向右"和"从右向左"之间切换 SmartArt 图形的布局。

③"添加项目符号"按钮可以在 SmartArt 图形中添加文本项目符号,但是仅当所选布局支持带项目符号的文本时,才能使用这一按钮。"布局"按钮,可以更改所选形状的分支布局,但仅当使用组织结构图布局时,该按钮才有效。"升级"或"降级"按钮,分别是对所选形状的级别进行减小或增加。"上移"或"下移"按钮,分别是将所选形状同级别的向前或向后移动。

> **小技巧**
>
> 在 SmartArt 图形中添加形状也可以通过"文本窗格"来实现。鼠标指向"文本窗格"中某一个分支后单击,然后按【Enter】键,可在此分支下面添加与它同级别的分支。若添加的是该分支下一级分支,可将鼠标指向刚添加的分支,按【Tab】键,则该分支下降一级。若添加的是该分支的上一级分支,可将鼠标指向刚添加的分支,按【BackSpace】键,则该分支上升一级。按【Delete】键可删除多余的分支。

(2)"布局"组

"布局"组提供了多个布局样式可供选择,单击"布局"组右侧的按钮 ,在弹出的下拉列表中重新选择一种布局,可更改当前使用布局,如图 4-42 所示。

(3)"SmartArt 样式"组

① 单击"SmartArt 样式"组样式库的按钮 ,可在弹出的下拉列表中选择一种 SmartArt 图形的外观样式,如图 4-43 所示。

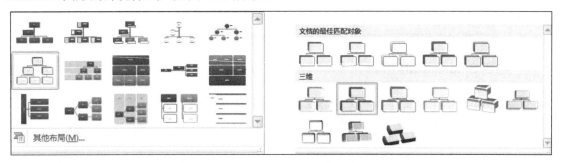

▶ 图 4-42 "布局"下拉列表　　　　▶ 图 4-43 "SmartArt 样式"下拉列表

② 单击"更改颜色"按钮 ,在弹出的下拉列表中选择一种颜色,可更改应用于当前 SmartArt 图形的颜色。

(4)"重置"组

单击该组中"重设图形"按钮 ,可放弃对 SmartArt 图形所做的全部格式修改。

 任务 12　制作成绩表

任务描述

期末考试后,学校每个班要对班级每个同学每科成绩进行汇总,计算总分与平均分。现以某个班的三名同学为例,制作成绩表,计算出总分与平均分,并对表格进行格式的设置,效果如图 4-44 所示。

模块四　文档的图文混排

成　绩　表

课程 姓名	文化课			专业课			公共课		总分
	语文	数学	英语	组装与维修	平面设计	网页制作	普通话	礼仪	
李婷婷	83	91	78	89	82	86	88	90	687
王静	81	95	87	90	95	96	90	95	729
张新刚	79	87	90	87	80	89	87	91	690
平均分	81.0	91.0	85.0	88.7	85.7	90.3	88.3	92.0	702.0

▶ 图 4-44　成绩表

任务解析

在本次任务中，需要达到以下目的：

➢ 能够在文档中灵活选择合适的方法创建表格；

➢ 能够根据工作需要对创建好的表格进行编辑和修改，如选择、插入、删除单元格（行、列、表格），合并与拆分单元格，调整表格的行高和列宽；

➢ 能够设置表格的边框、底纹、对齐方式，并能够设置文字的字体等美化表格；

➢ 能够根据需要对表格中的数据进行简单计算。

本次任务的操作步骤如下：

（1）新建 Word 文档"成绩表.docx"，在新建的文档中输入表格标题"成绩表"，并通过"开始"选项卡设置标题行"居中"，字体字号为"隶书，小二号"。

（2）单击标题行下一行，定位插入表格的位置，然后单击"插入"选项卡"表格"组中的"表格"按钮，在弹出的下拉列表中选择"插入表格"选项，打开"插入表格"对话框。在对话框中输入表格的"列数"为"10"，"行数"为"6"，如图 4-45 所示。单击"确定"按钮，则在文档中光标所在处创建了一个 6 行 10 列的表格。

▶ 图 4-45　"插入表格"对话框

（3）单击"表格工具 布局"选项卡"表"组中的"选择"按钮，在弹出的下拉列表中选择"选择表格"选项，则整个表格被选中。在"单元格大小"组中将"高度"值设置为"1 厘米"，再用鼠标拖动选中第二行，用同样的方法将其"高度"值设为"1.5 厘米"。

（4）创建的表格中每一个小格称为单元格，将鼠标指向第一个单元格，向下拖动鼠标，选中表格第一列，单击"表格工具 布局"选项卡，在"单元格大小"组中将"宽度"设为"1.8 厘米"。再将鼠标移至第二列表格上方，当鼠标指针变为↓时按住鼠标左键向右拖动，选中第二至九列，设置"宽度"为"1.3 厘米"，再将第五列和第八列宽度设为"1.5 厘米"，第十列宽度为"2.3 厘米"。

（5）单击"表格工具 设计"选项卡"绘图边框"组中"绘制表格"按钮，鼠标变成铅笔状，进入手动制表状态。按住鼠标左键在第一个单元格中从左上角至右下角拖动鼠标可绘制出一条斜线，绘制完后再单击"绘制表格"按钮，取消手动绘制表格状态。

（6）用鼠标指向第一行第一个单元格，向下拖动，选中第一列的前两个单元格，单击"表格工具 布局"选项卡"合并"组的"合并单元格"按钮，所选单元格合并成一个单元格。同样的方法，将第一行的二、三、四单元格合并，第一行的五、六、七单元格合并，第一行的八、九单元格合并，最后一列的前两个单元格合并，效果如图 4-46 所示。

成 绩 表

> 图 4-46 修改行高列宽及合并单元格后效果图

（7）依次在各单元格中输入文字内容。在有斜线的第一个单元格中输入文字时可配合"空格"键与【Enter】键换行将文字定位（也可通过插入无边框无填充的文本框实现）。将鼠标移至第二列表格上方，当鼠标变为 时，向右拖动鼠标，选中表格第二至十列所有单元格。单击"表格工具 布局"选项卡"对齐方式"组中的"水平居中"按钮，设置单元格文字为"水平居中"排列。同样方法设置第一列中第二至第五单元格文字为"水平居中"，效果如图 4-47 所示。

成 绩 表

课程\姓名	文化课			专业课			公共课		总分
	语文	教学	英语	组装与维修	平面设计	网页制作	普通话	礼仪	
李婷婷	83	91	78	89	82	86	88	90	
王静	81	95	87	90	95	96	90	95	
张新刚	79	87	90	87	80	89	87	91	
平均分									

> 图 4-47 输入完文字并进行部分设置后效果图

（8）用鼠标单击表格左上角的标志，选定整个表格，单击"表格工具 设计"选项卡"绘图边框"组中的"笔样式"按钮，在弹出的下拉列表中选择线型为"双线"，再单击"表格工具 设计"选项卡"表格样式"组中"边框"按钮，在弹出的下拉列表中选择"外侧框线"，则将表格外框线设置为"双线"。

（9）将鼠标定位在"李婷婷"的总分单元格内，单击"表格工具 布局"选项卡"数据"组的"fx 公式"按钮，弹出"公式"对话框，如图 4-48 所示。

> 图 4-48 "公式"对话框

(10)将"公式"编辑框中"=SUM(ABOVE)"改为"=SUM(LEFT)",单击"确定"按钮,则求得"李婷婷"总分。同样方法求得其他同学总分。

(11)将鼠标定位在"语文"列的"平均分"单元格中,单击"表格工具 布局"选项卡"数据"组的"fx 公式"按钮,在弹出的"公式"对话框中可选择"粘贴函数"为"AVERAGE",也可直接在"公式"文本框中输入"=AVERAGE(ABOVE)",在"编号格式"框中输入"0.0",单击"确定"按钮,可计算出第一列的平均分。同样方法,求得其他列平均分,最右下角单元格用求和函数"=SUM(LEFT)"求得。

(12)表格制作完毕后,将第一、二行及最后一行与最后一列的文字通过"开始"选项卡设为"加粗",保存该文档。

4.5 创建表格

表格由行与列组成,行与列交叉形成的方框称为单元格,可以在单元格中添加文字、图形等各种类型的对象。创建表格的方法很多,可以使用表格网格插入表格,使用"快捷表格"插入表格,使用"插入表格"对话框创建表格,还可以通过"绘制表格"按钮手动绘制表格等多种方法。

1. 用表格网格创建表格

如果要插入的表格行列数比较少,可通过表格网格创建。具体操作如下:将光标定位于要插入表格的位置,单击"插入"选项卡"表格"组中的"表格"按钮,在弹出的下拉列表上半部显示有网格,在网格上移动鼠标指针选择行数与列数,如3行4列,则在文档中显示所创建表格的预览,如图4-49所示,选定好行列数后单击鼠标即可在文档中创建表格。

> 图4-49 使用表格网格创建表格

2. 快速插入表格

单击"插入"选项卡"表格"组中的"表格"按钮,在弹出的下拉列表中选择"快速表格"选项,在弹出的下拉列表中选择所需表格样式,即可在文档中快速插入内置表格,如图 4-50 所示。

图 4-50　使用"快速表格"创建表格

3. 使用"插入表格"对话框创建表格

创建表格的行数与列数较多时,可以通过"插入表格"对话框来创建。如要创建一个 9 行 10 列的表格,列宽为 1.2 厘米,创建步骤如下:

(1) 将光标定位在需要创建表格的位置,单击"插入"选项卡"表格"组中的"表格"按钮,在弹出的下拉列表中选择"插入表格"选项,弹出"插入表格"对话框。

(2) 在"插入表格"对话框中的列数与行数编辑框中输入表格的列数"10"和行数"9",在"'自动调整'操作"区域中选择表格宽度的调整方法,共三种,若选中"根据内容调整表格"选项,则根据在单元格中输入内容的长度自动调整表格宽度;若选中"根据窗口调整表格"选项,则根据页面宽度来设置表格宽度。在这里选择"固定列宽"按钮。

(3) 在"固定列宽"选项后面的编辑框中输入"1.2 厘米",则可将表格列的宽度精确设置为"1.2 厘米"。

(4) 单击"确定"按钮,在文档中创建一个 9 行 10 列的表格。

4. 绘制表格

使用表格网格和"插入表格"对话框插入的表格都是比较规则的表格,但在实际应用中,需要创建的有时是行与行、列与列之间不规则的复杂表格,这可通过绘制表格的方法创建。具体操作如下:

(1) 将光标定位于文档中需要插入表格的位置,单击"插入"选项卡"表格"组中"表格"按钮,在弹出的下拉列表中选择"绘制表格"选项,鼠标指针变为铅笔 形状。

(2) 在文档中单击并拖动鼠标,在拖动的过程中,将会显示一个虚线框,它表示所绘制表格的外边框,释放鼠标左键,即可画出表格外边框。

(3) 将鼠标指针移动到表格的左边框上,单击并按住鼠标左键向右拖动,出现一条水平虚线,释放鼠标即画出一条表格行线。

（4）使用同样的方法，绘制表格其他行线。将鼠标指针移动到表格的上边框上，单击并按住鼠标左键向下拖动，出现一条垂直虚线，释放鼠标即画出一条表格列线。

（5）若要绘制非通栏的列线，只需将鼠标指针移动到表格的某条行线上，再向上或向下拖动鼠标绘制即可，如图 4-51 所示。

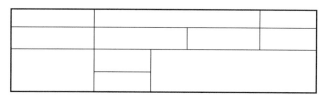

▶ 图 4-51　绘制表格列线及非通栏行线列线

（6）若表格中有斜线，可将鼠标指针移动到要绘制斜线的单元格左上角，然后向右下角拖动鼠标即可绘制出表格的斜线，如图 4-52 所示。

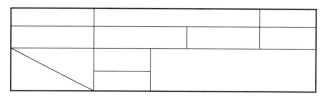

▶ 图 4-52　绘制表格斜线

（7）若绘制表格时有画错或不需要的线条，可单击"表格工具　设计"选项卡"绘图边框"组中"擦除"按钮，此时鼠标指针变为橡皮擦形状，在要擦除的线条上单击可将该线擦除。

（8）绘制完毕后，可按【Esc】键也可双击鼠标或单击"表格工具　设计"选项卡"绘图边框"组中"绘制表格"按钮，结束手动绘制表格状态，鼠标指针又变为箭头状态。

4.6　编辑表格

在文档中创建好表格后，还需要再对它的格式进行编辑修改，例如：插入或删除行、列和单元格，合并与拆分单元格，调整行高和列宽等。对表格进行的大多数编辑操作，都是通过"表格工具　布局"选项卡来完成的。

1. 选择表格、行、列和单元格

对表格中的单元格、行、列或整个表格进行编辑操作时，需要先选中要操作的对象。

（1）选择表格

① 先创建一个 3 行 4 列的表格。当鼠标指针指向表格时，表格左上角出现"表格位置控制点"按钮，单击该按钮可选中整个表格。

② 将鼠标指针指向第一行第一列的单元格，按住左键向最右下角单元格方向拖动鼠标，可选中整个表格。

③ 将光标定位于表格中的任意单元格，单击"表格工具　布局"选项卡"表"组中"选择"按钮，在弹出的下拉列表中选择"选择表格"选项，可选中整个表格。选中表格后，表格呈现蓝底，如图 4-53 所示。

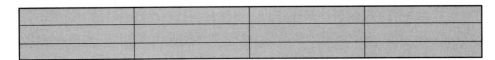

> 图 4-53 选择整个表格

（2）选择行

① 将鼠标指针移到要选中行的左边界外侧，当指针变成 形状时，单击鼠标则可选中该行。当指针变成 形状时，向上或向下拖动鼠标，可选中多行。

② 将光标定位于要选中行的任意单元格，单击"表格工具 布局"选项卡"表"组中"选择"按钮，在弹出的下拉列表中选择"选择行"选项，可选中一行。

（3）选择列

① 将鼠标指针移到要选中列的上方，当指针变成 形状时，单击鼠标，则可选中该列。当指针变成 形状时，向左或向右拖动鼠标，可选中多列。

② 将光标定位于要选中列的任意单元格，单击"表格工具 布局"选项卡"表"组中"选择"按钮，在弹出的下拉列表中选择"选择列"选项，可选中一列。

（4）选择单元格

① 选择单个单元格：将鼠标指针移到想选择的单元格左侧，当指针变成 形状时，单击鼠标，可选中该单元格。也可单击"表格工具 布局"选项卡"表"组中"选择"按钮，在弹出的下拉列表中选择"选择单元格"选项，选中光标所在的单元格。

② 选择多个相邻的单元格：选中一个单元格后，向右或向下拖动鼠标可选中多个相邻的单元格。也可单击要选择的第一个单元格，再将鼠标指针移到要选择的最后一个单元格，按住【Shift】键的同时单击鼠标左键，可选中多个相邻单元格。

③ 选择多个不相邻的单元格：选择一个单元格后，按住【Ctrl】键的同时选择其他单元格，可选择不相邻的多个单元格。

（5）取消选定

选择好表格、行、列或单元格后，想取消选定只需单击文档的任意区域即可。

2．插入行、列和单元格

将制作的 3 行 4 列表格中输入文字，如图 4-54 所示。

1行1列	1行2列	1行3列	1行4列
2行1列	2行2列	2行3列	2行4列
3行1列	3行2列	3行3列	3行4列

> 图 4-54 输入文字后的表格

（1）插入行或列

① 要插入行或列，可将光标定位在要插入行或列的邻近单元格中，在这里将光标定位在"2 行 2 列"单元格中。

② 单击"表格工具 布局"选项卡"行和列"组"在上方插入"按钮，如图 4-55 所示，则会在第 2 行上方插入一行，如图 4-56 所示。

③ 将光标定位在"3 行 1 列"单元格中，单击"表

> 图 4-55 单击"在上方插入"按钮

格工具 布局"选项卡"行和列"组"在下方插入"按钮，则会在最后一行下方插入一行。将光标定位在"2 行 1 列"单元格中，单击"表格工具 布局"选项卡"行和列"组"在左侧插入"按钮，会在第 1 列左侧插入一列。若单击"在右侧插入"按钮，则会在第 1 列右侧插入一列。

1行1列	1行2列	1行3列	1行4列
2行1列	2行2列	2行3列	2行4列
3行1列	3行2列	3行3列	3行4列

▶ 图 4-56 插入行后的效果

④ 将光标定位到表格右侧的右框线后段落标记 ↵ 前，按【Enter】键，即可快速在当前行下方插入新的一行。

（2）插入单元格

① 将光标定位在"1 行 1 列"单元格中，单击"表格工具 布局"选项卡"行和列"组右下角的"对话框启动器"按钮 ，打开"插入单元格"对话框。在对话框中选择一种插入方式，如"活动单元格右移"单选按钮，如图 4-57 所示，再单击"确定"按钮后，表格效果如图 4-58 所示。

▶ 图 4-57 "插入单元格"对话框

		1行1列	1行2列	1行3列	1行4列
	2行1列	2行2列	2行3列	2行4列	
	3行1列	3行2列	3行3列	3行4列	

▶ 图 4-58 插入单元格后效果

② 若选择"活动单元格下移"选项，则在光标所在单元格上方插入一个空白单元格，现有单元格下移一行；若选择"整行插入"或"整列插入"选项，则可在光标所在单元格上方插入一行或左侧插入一列。

3. 删除单元格、行、列和表格

要删除表格、行、列和单元格，可使用"表格工具 布局"选项卡"行和列"组中"删除"按钮 ，在弹出的下拉列表中选择相应选项，实现删除操作。

（1）删除单元格

① 将光标定位在表格左上角单元格中，单击"表格工具 布局"选项卡"行和列"组中"删除"按钮，在弹出的下拉列表中选择"删除单元格"选项，如图 4-59 所示。

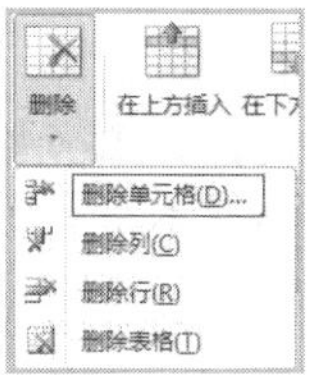

▶ 图 4-59 "删除"下拉列表

② 在打开的"删除单元格"对话框中选择"右侧单元格左移"按钮，如图 4-60 所示。

③ 单击"确定"按钮，则将该单元格删除，同时右侧单元格左移。删除单元格后，可能会出现表格线不对齐的情况，可将鼠标指向不对齐的表线，按左键拖动鼠标至格线对齐。

（2）删除行和列

将光标分别定位在空行和空列中的任意一个单元格中，在"删除"下拉列表中选择"删除行"和"删除列"选项，可将空行和空列删除。或者选中要删除的行或列，右击鼠标，在弹出的快捷菜单中选择"删除行"或"删除列"选项。

图 4-60 "删除单元格"对话框

（3）删除表格

将光标定位在表格的任意单元格内，选择"表格工具 布局"选项卡"行和列"组"删除"下拉列表中的"删除表格"选项，则将整个表格删除。选中表格后若按【Delete】键，只能删除表格中内容，不能删除表格。可选中整个表格及表格下一个段落，按【Delete】键，则能删除表格。

4. 合并与拆分表格和单元格

在制作表格的过程中，经常需要把多个表格或单元格合并成一个表格或单元格，也经常需要将表格或单元格进行拆分。

（1）合并与拆分表格

① 将光标定位在要拆分为第二个表格首行的任意一个单元格中，如光标定位在"3 行 1 列"单元格中，如图 4-61 所示，然后单击"表格工具 布局"选项卡中"合并"组的"拆分表格"按钮，即可将该表拆分成两个表格，如图 4-62 所示。

1行1列	1行2列	1行3列	1行4列
2行1列	2行2列	2行3列	2行4列
3行1列	3行2列	3行3列	3行4列

图 4-61 拆分前表格

1行1列	1行2列	1行3列	1行4列
2行1列	2行2列	2行3列	2行4列

3行1列	3行2列	3行3列	3行4列

图 4-62 拆分后表格

② 将光标定位在两个表格之间的空段落标记处，按【Delete】键，可将两个表格合并成一个表格。

（2）合并单元格

可将多个单元格合并成一个单元格，但要求这多个单元格是连续的。合并后各个单元格中的内容同时显示在合并后的单元格中，具体操作如下：

选中要合并的两个或多个单元格，在这里选择表格最后空行，单击"表格工具 布局"选项卡"合并"组的"合并单元格"按钮，即可将多个单元格合并成一个单元格，如图 4-63 所示。

1行1列	1行2列	1行3列	1行4列
2行1列	2行2列	2行3列	2行4列
3行1列	3行2列	3行3列	3行4列

▶ 图 4-63 合并单元格

（3）拆分单元格

将光标定位在要拆分的单元格中，在此定位在最后一行中，然后单击"合并"组的"拆分单元格"按钮，打开"拆分单元格"对话框，如图 4-64 所示。在其中输入要拆分的列数为"3"、行数为"2"，单击"确定"按钮，效果如图 4-65 所示。

▶ 图 4-64 "拆分单元格"对话框

1行1列	1行2列	1行3列	1行4列
2行1列	2行2列	2行3列	2行4列
3行1列	3行2列	3行3列	3行4列

▶ 图 4-65 拆分单元格效果

5. 调整行高与列宽

调整行高与列宽的方法主要有以下几种：

（1）使用鼠标拖动行列线调整

这种方法适合于对表格要求不太高的情况。将鼠标指针指向表格的横框线，指针变为 形状时，拖动鼠标即可调整行高。将鼠标指针指向表格的竖框线，指针变为 形状时，拖动鼠标即可调整列宽。

（2）利用"单元格大小"组精确调整

将光标定位在要调整行高或列宽的任意一个单元格中，或选中要调整的多行或多列后，在"表格工具 布局"选项卡"单元格大小"组中，输入具体行高与列宽的数值来调整，如图 4-66 所示。

▶ 图 4-66 "单元格大小"组

（3）利用"分布行"与"分布列"按钮调整

将光标定位在表格中的任意单元格内，单击"表格工具 布局"选项卡"单元格大小"组中"分布行"按钮，可使得各行按表格高度平均分布行高。同理，单击"分布列"按钮，可使各列按表格宽度平均分布列宽。

（4）利用"自动调整"按钮调整

将光标定位在表格中的任意单元格内，单击"表格工具 布局"选项卡"单元格大小"组中"自动调整"按钮，弹出下拉列表，里面包含"根据内容自动调整表格"、"根据窗口自动调整表格"及"固定列宽"三项，可根据用户需要选择其中选项。

（5）利用"表格属性"对话框调整

单击"表格工具 布局"选项卡"单元格大小"组右下角"对话框启动器"按钮，打开"表格属性"对话框，如图 4-67 所示。可通过该对话框中"行"、"列"及"单元格"

三个选项卡来调整行高、列宽及单元格宽度。

6．调整表格中文本的对齐方式

表格刚创建完毕时，单元格中文本的对齐方式默认为"靠上两端对齐"，可通过"表格工具 布局"选项卡"对齐方式"组中的各种对齐方式按钮调整。

7．设置表格的边框与底纹

（1）设置边框

① 选中整个表格，单击"表格工具 设计"选项卡"绘图边框"组中的"笔样式"按钮，在弹出的下拉列表中选择边框的样式，如第十个样式。单击"笔画粗细"按钮 0.5磅 ，在弹出的下拉列表中选择"1.5磅"。再单击"笔颜色"按钮 笔颜色，在弹出的下拉列表中选择红色。

▶ 图 4-67 "表格属性"对话框

② 单击"表格样式"组"边框"按钮 边框，弹出下拉列表，在其中选择要设置的边框，在此选择"外侧框线"，为表格添加外框线。同样的方法，设置"内部框线"为"橙色，0.5磅，双细线"，效果如图 4-68 所示。

1行1列	1行2列	1行3列	1行4列
2行1列	2行2列	2行3列	2行4列
3行1列	3行2列	3行3列	3行4列

▶ 图 4-68 设置边框后表格效果

（2）设置底纹

选择表格第一行，单击"表格工具 设计"选项卡"表格样式"组中"底纹"按钮 底纹，在弹出的下拉列表中选择一种底纹颜色，如"黄色"，则为表格第一行添加上了黄色的底纹。效果如图 4-69 所示。

1行1列	1行2列	1行3列	1行4列
2行1列	2行2列	2行3列	2行4列
3行1列	3行2列	3行3列	3行4列

▶ 图 4-69 设置底纹后表格效果

8．为表格设置应用样式

单击"表格工具 设计"选项卡"表格样式"组中样式库的按钮 ，打开样式列表，在列表中选择要应用的表格样式，可为表格应用某种系统内置样式。如为表格选择内置样式中第一行第三个"浅色底纹-强调文字颜色 2"样式，则表格效果如图 4-70 所示。

1行1列	1行2列	1行3列	1行4列
2行1列	2行2列	2行3列	2行4列
3行1列	3行2列	3行3列	3行4列

▶ 图 4-70　为表格应用样式后效果

> **小技巧**
>
> 单击"表格工具 布局"选项卡"表"组中"属性"按钮，可打开"表格属性"对话框，通过该对话框可设置表格的高度、宽度、对齐方式和文字环绕方式等。
>
> 绘制表格中斜线除了可用前面介绍的"绘制表格"按钮手动绘制，还可利用"边框"按钮绘制。方法是：将光标定位在要绘制斜线的单元格中，在"表格工具 设计"选项卡"绘图边框"组中选择笔样式、笔画粗细及笔颜色，单击"表格样式"组中"边框"按钮，在其下拉列表中选择"斜下框线"选项，即可在光标所在单元格中插入斜线。

4.7　表格的其他应用

1. 表格的公式计算

在 Word 文档中，可以借助 Word 提供的数学公式运算功能对表格中的数据进行数学运算，包括加、减、乘、除，以及求和、求平均值等常见运算。在"公式"对话框中的"公式"编辑框中直接输入包含加、减、乘、除运算符号的公式必须以"＝"开头，如编辑公式"=12+34+76"并单击"确定"按钮，则可以在当前单元格返回计算结果"122"，如图 4-71 所示。还可使用系统提供的函数。

▶ 图 4-71　在"公式"对话框中直接编辑公式

（1）打开模块四给定的素材文档"各部门销售表.docx"，将光标定位到第二行最后一个单元格中，即"总销量"下面的单元格。

（2）单击"表格工具 布局"选项卡"数据"组中"公式"按钮 f_x，打开"公式"对话框，此时，"公式"编辑框中会根据表格中的数据和当前单元格所在位置自动推荐一个公式，例如："=SUM(LEFT)"是指计算当前单元格左侧单元格的数据之和，单击"确定"按钮即可在单元格中得出计算结果。

（3）公式中括号内的参数包括四个，分别是左侧（LEFT）、右侧（RIGHT）、上面（ABOVE）和下面（BELOW），可根据需要进行修改。将光标移至第三行最后一个单元格，单击"公式"按钮后，在打开的"公式"对话框中显示的公式为"=SUM(ABOVE)"，它表示的是计算当前单元格上面单元格的数据之和，显然不符合要求，因此修改公式中"ABOVE"为"LEFT"，单击"确定"按钮。同理，求得"部门3"总销量值。

（4）将光标定位在最后一行第二个单元格中，单击"公式"按钮，打开"公式"对话框。在该对话框中将"公式"编辑框中"SUM"公式删除，再单击"粘贴函数"下拉三角按钮选择合适的函数，在此选择平均数函数 AVERAGE，使公式变为"=AVERAGE(ABOVE)"，求得平均值。同理，求得其他单元格平均值，结果如图 4-72 所示。

各部门销售表

	一季度	二季度	三季度	四季度	总销量
部门1	129	108	132	128	497
部门2	139	141	152	147	579
部门3	122	119	136	123	500
平均销量	130	122.67	140	132.67	525.33

▶ 图 4-72　表格的公式计算

2. 表格的数据排序

在 Word 中，可以对表格中的数字、文字和日期数据进行排序操作。具体操作如下：

（1）打开刚计算完数据的 Word 文档"各部门销售表.docx"，将平均销量数据删除，再将光标定位在表格任意单元格中（若表格最后一行"平均销量"中的数据不删除，则需选定除该行以外的其他行），单击"表格工具 布局"选项卡"数据"组中"排序"按钮 ，打开"排序"对话框，如图 4-73 所示。

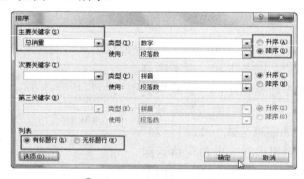

▶ 图 4-73　"排序"对话框

（2）在对话框的"主要关键字"下拉列表中选择排序依据，选择"总销量"，在其右侧选择排序方式为"降序"，因为表格有标题行，所以在下侧"列表"中选择"有标题行"选项，否则也对标题行进行排序。单击"确定"按钮，排序结果如图 4-74 所示。

各部门销售表

	一季度	二季度	三季度	四季度	总销量
部门2	139	141	152	147	579
部门3	122	119	136	123	500
部门1	129	108	132	128	497
平均销量					

▶ 图 4-74　设置排序选项后得到的排序结果

3. 重复表格标题

有时创建的表格较大，表格被分成若干页，如果没有设置，则只有首页的部分表格有标题行，其余各页只是延续上页，无标题行。若想让表格后续页也显示标题行，非常简单，可先选中表格的标题行，再单击"表格工具 布局"选项卡"数据"组的"重复标题行"按钮 ，就可在后续页表格中自动添加标题。

4. 表格与文本的转换

（1）文本转换成表格

在 Word 文档中，可以很容易地将文字转换成表格，其中关键的操作是使用分隔符号将文本合理分隔。Word 能够识别常见的分隔符，例如：段落标记（用于创建表格行）、制表符和逗号（用于创建表格列，建议使用最常见的逗号分隔符，并且逗号必须是英文半角逗号），操作方法如下所示。

① 选中要转换成表格的文本，如图 4-75 所示。单击"插入"选项卡上的"表格"按钮，在弹出的下拉列表中选择"文本转换成表格"选项，打开"将文字转换成表格"对话框，如图 4-76 所示。

▶ 图 4-75　选定文本　　　　▶ 图 4-76　"将文字转换成表格"对话框

② 在对话框中显示要转换的表格的列数，一般取默认值，再选择分隔符"逗号"，单击"确定"按钮，则将选定文本转换成表格，如图 4-77 所示。

计算机	计算机	计算机
计算机	计算机	计算机

▶ 图 4-77　将文本转换成表格

（2）表格转换成文本

① 将光标定位在"各部门销售表"的任意单元格中，单击"表格工具 布局"选项卡"数据"组中"转换成文本"按钮 ，打开"表格转换成文本"对话框，如图 4-78 所示。

② 在该对话框中选择一种文字分隔符，如"逗号"，如图 4-78 所示。单击"确定"按钮，则将表格转换成文本，效果如图 4-79 所示。

图 4-78 "表格转换成文本"对话框　　图 4-79 将表格转换成文本的效果图

上机实训 4

1. 打开素材集给定 Word 文档"练习 1.docx",按要求进行如下操作,效果如图 4-80 所示。

图 4-80 练习 1 效果图

（1）在文档开始插入艺术字"春节起源",要求字体字号分别为"华文琥珀,初号",艺术字样式选艺术字库第 5 行第 3 个样式。

（2）在文档图示位置插入两个竖排文本框,文本框用红色填充,大小为宽"2 厘米",高"9 厘米",环绕方式为"四周型环绕",字体字号为"隶书,初号",对齐方式为"水平居中"。

（3）在两个文本框的下面插入素材集给定图片"新年 1.jpg",在文档中间插入图片"新年 2.jpg",环绕方式都为"四周型环绕"。

（4）在文档最后插入形状"横卷型",形状样式选样式库第 4 行第 7 个样式,样式大小为宽"10 厘米",高"3 厘米",并为样式添加文字"过年好",文字字体字号颜色分别是"华文新魏,初号,深红色"。

2. 打开素材集给定 Word 2010 文档"练习 2.docx",按以下要求进行操作,效果如图 4-81 所示。

美丽的春天

盼望着，盼望着，东风来了，春天的脚步近了。

一切都像刚睡醒的样子，欣欣然张开了眼。山朗润起来了，水长起来了，太阳的脸红起来了。

小草偷偷地从土里钻出来，嫩嫩的，绿绿的。园子里，田野里，瞧去，一大片一大片满是的。坐着，躺着，打两个滚，踢几脚球，赛几趟跑，捉几回迷藏。风轻悄悄的，草绵软软的。

桃树、杏树、梨树，你不让我，我不让你，都开满了花赶趟儿。红的像火，粉的像霞，白的像雪。花里带着甜味，闭了眼，树上仿佛已经满是桃儿、杏儿、梨儿！花下成千成百的蜜蜂嗡嗡地闹着，大小的蝴蝶飞来飞去。野花遍地是：杂样儿，有名字的，没名字的，散在草丛里，像眼睛，像星星，还眨呀眨的。

吹面不寒杨柳风

不错的，像母亲的手抚摸着你。风里带来些新翻的泥土的气息，混着青草味，还有各种花的香，都在微微润湿的空气里酝酿。鸟儿将窠巢安在繁花嫩叶当中，高兴起来了，呼朋引伴地卖弄清脆的喉咙，唱出宛转的曲子，与轻风流水应和着。牛背上牧童的短笛，这时候也成天在嘹亮地响。

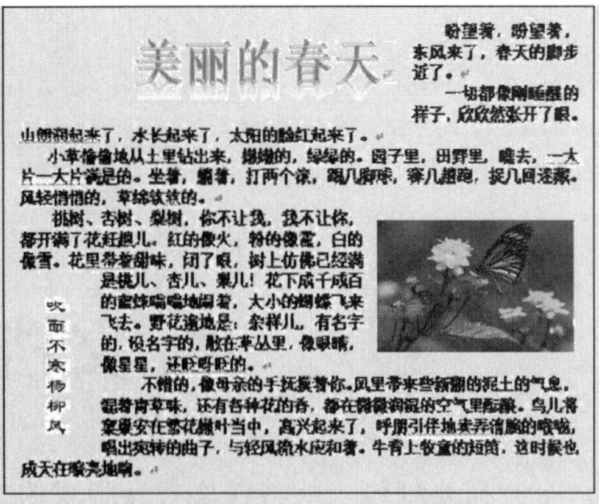

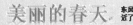

图 4-81　练习 2 效果图

（1）在文档左上角插入艺术字“美丽的春天”，要求字的艺术字样式选艺术字库第 5 行第 5 个样式，环绕方式为“四周型环绕”。

（2）在文档右侧中部插入剪贴画“花朵上的蝴蝶”，环绕方式为“四周型环绕”，图片高度修改为“3.5 厘米”。

（3）在文档最后一段前插入竖排文本框“吹面不寒杨柳风”，文本框环绕方式为“四周型环绕”，字体字号为“隶书，小三”，文本框不要边框线。

3. 新建文档“SmartArt 图形.docx”，在文档中制作一个图形，要求用 SmartArt 图形制作，效果如图 4-82 所示，效果图可参考素材集中文档“练习 3.docx”。

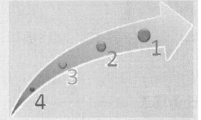

图 4-82　练习 3 效果图

4. 新建文档“家电销售统计表.docx”，在文档中创建如图 4-83 所示的表格，第一行行高为“1.8 厘米”，其他行行高为“1 厘米”。表格可参考素材提供文档“练习 4.docx”。创建完表格后，再按以下要求对表格进行编辑。

家电销售统计表

季度 / 品名	一季度	二季度	三季度	四季度
电视	135	176	247	129
洗衣机	228	210	310	190
冰箱	102	146	238	118
空调	98	325	410	102

图 4-83　家电销售统计表

（1）将表格标题设置为二号，黑体，居中。

（2）在表格最后 1 列的右边添加 1 列，列标题为“总计”，计算各种牛奶全年的销售总和，并按“总计”列降序排列表格内容。

（3）在表格底部添加空行，在该行第一列单元格中输入行标题“平均值”，在该行其余单元格中计算相应列中数据的平均值。

（4）表格中第 1 行内容和第 1 列内容“水平居中”，其他单元格内容“中部右对齐”。

（5）表格外边框线设置为 0.5 磅的双线型，第 1 行和第 1 列添加“茶色，背景 2”底纹。

文档的高级编排

在生活中的某些领域，有时需要制作一些特殊格式及版式的文档，如邀请函和数学试卷等。在 Word 中能够正确地使用系统提供的相应功能，可以轻松地完成此类文档的制作，并还能将在 Word 中制作完成的文档发布到博客中去。本模块将介绍 Word 2010 中的部分高级应用，体验其在特殊领域发挥的强大功能。

 任务 13　制作数学试卷

任务描述

使用 Word 公式编辑功能，完成如下试卷的输入与编辑：

数学试题

一、填空题：

1、函数 $f=\sqrt{1-x^2}+\dfrac{1}{2x+1}$ 的定义域为＿＿＿＿＿＿。

2、二次函数 $y=ax^2+bx+c$，若 $ac<0$，则其图像与 x 轴的交点个数为＿＿＿＿＿＿。

任务解析

本次任务中，需要达到以下目的：
- 掌握使用输入普通文本的方法及输入除公式之外的其他文本的方法；
- 掌握在需要插入公式的地方使用内置的或根据提供的功能输入公式的方法；
- 掌握对公式进行编辑操作的方法。

本次任务的操作步骤如下：

（1）新建一个空白 Word 文档，输入如下内容：

数学试题

一、填空题：

1、函数的定义域为＿＿＿＿＿＿。

2、二次函数，若 $ac<0$，则其图像与 x 轴的交点个数为＿＿＿＿＿＿。

（2）在"1. 函数"后面需要添加公式的位置单击鼠标，定位光标插入点，单击"插入"选项卡，在"符号"选项组中单击"公式"按钮右侧的小三角，打开如图 5-1 所示的菜单，单击"插入新公式（I）"项，切换到"设计"选项卡如图 5-2 所示，并且在函数后出现"在此处键入公式"按钮 在此处键入公式。。

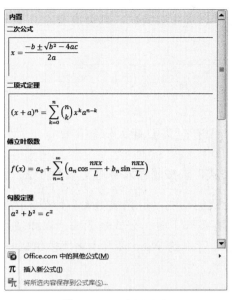

> 图 5-1　内置公式

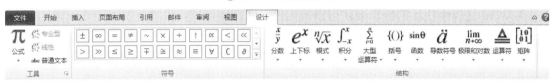

> 图 5-2　公式工具"设计"选项卡

（3）在"在此处键入公式"处单击，输入"f="，在"结构"选项组中单击"根式"按钮，在下拉菜单中选择"平方根"选项，如图 5-3 所示。

（4）插入"平方根"之后，公式框内容为 ，单击其中的虚线框，输入"1−"，再在"结构"选项组中单击"上下标"按钮，在下拉菜单中选择"常用的下标和上标"中的 x^2 选项，再将光标置于 $\sqrt{1-x^2}$ 后面单击，输入"+"，再在"结构"选项组中单击"分数"按钮，在下拉菜单中选择"分数（竖式）"选项，如图 5-4 所示。

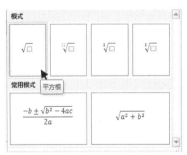

> 图 5-3　"根式"下拉菜单

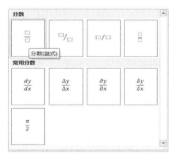

> 图 5-4　"分数"下拉菜单

（5）插入"分数（竖式）"后，公式框内容为 ，上下各有一个虚线框，分别用来输入分子和分母，单击分母虚线框，并输入"2x+1"；再单击分子虚线框，输入"1"。输入完成后，分别选中公式中的"x"，单击"开始"选项卡中"字体"选项组中的倾斜按钮，效果为 。

（6）用相似的方法输入公式 $y = ax^2 + bx + c$ 等。

（7）公式输入完成后，可以选中公式的一部分或整个公式利用系统的编辑功能进行编辑操作，如设置字号、字体等。

5.1 插入公式

在某些应用领域的文档中有时需要插入一些诸如 $x = \dfrac{-b \pm \sqrt{b^2 - 4ac}}{2a}$、$2\cos\dfrac{1}{2}(\alpha + \beta)$ $\cos\dfrac{1}{2}(\alpha - \beta)$ 等形式的数学公式，若按照输入普通文本的方法，很难在文档中输入专业的数学公式。Word 提供了插入公式的功能，可完成绝大多数公式的输入与编辑操作。需要说明的是：当 Word 文档处于兼容模式下时，公式是无法插入和使用的，只有在 Word 中创建的.docx 文档中才能使用。在低版本的 Word 环境中将不能编辑在 Word 2010 中创建的公式，其公式只能以图片的形式出现。

1. 添加公式

在 Word 文档中添加的数学公式可以是内置公式，也可以是根据提供的元素创建的公式。

（1）内置公式

Word 中内置了许多常用的公式，包括二次根式、二项式定理及圆的面积公式等。操作时在需要添加公式的位置单击鼠标，定位光标插入点，选择"插入"选项卡，在"符号"选项组中单击"公式"按钮右侧的小三角，打开如图 5-1 所示的菜单，单击"内置"中的相应公式项即插入了对应的公式。

（2）Office.com 中的其他公式

在 Word 中除在"内置"中有部分常用公式之外，在联机的情况下还可以显示很多成型的公式。在如图 5-1 所示的"内置"菜单中，只要将鼠标移动到"Office.com 中的其他公式"菜单项时，就会打开其对应的级联菜单，在菜单中只要选择单击所要添加的公式即可，和添加"内置"菜单中的公式的方法是一样的，如图 5-5 所示。

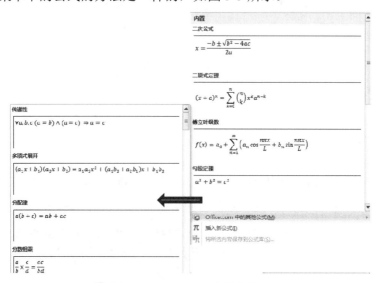

图 5-5　Office.com 中的其他公式

（3）添加新公式

当要输入的公式在 Word 内置公式中找不到时，可以根据其提供的元素构造相应的公式。操作时在需要添加公式的位置单击鼠标，定位光标插入点，选择"插入"选项卡，在"符号"选项组中单击"公式"按钮右侧的小三角，打开如图 5-1 所示的菜单，单击"插入新公式（I）"选项，切换到"设计"选项卡，如图 5-2 所示，并且在相应的插入点处出现，在"在此处键入公式"处单击鼠标，再在"符号"或"结构"选项组中选择相应的构成公式的元素即可。

2. 编辑公式

将公式添加到文档后，可根据需要对公式进行移动和复制操作，当不需要时还可将其删除。

（1）选定公式

在对公式进行操作前先将公式选定，这是执行其他操作的基础。先在相应公式上单击，这时公式处于可编辑状态，如 $y \geq 3x+5$，再单击左侧的边框，这时公式内容呈阴影状态 $y \geq 3x+5$，说明此公式已经被选定。

（2）移动和复制公式

公式的移动和复制同文本的移动和复制类似，先选定公式，将鼠标指针置于公式上右击，在快捷菜单中选择"移动"或"复制"，再在目标位置处右击，在快捷菜单中选择"粘贴"，这时就将公式移动或复制到目标位置上了。对公式中的元素的移动和复制如同对整个公式的移动和复制一样，只是当其被粘贴到目标位置后，也是以一个公式的形式存在。

（3）修改公式

用鼠标在相应公式上单击，这时在四周出现编辑公式框，同时公式内有一闪动的光标，这时可以定位光标到修改处，对公式的相应部分进行修改。

（4）删除公式

选定需要删除的公式，单击键盘上的【Delete】键进行删除。

（5）设置公式中字符格式

当在文档中输入公式时，在键盘上输入的诸如 x、y，显示时不如数学公式中 x 、y 显示美观。这需要在输入公式完成后选定公式中的 x 或 y，选择"开始"选项卡，单击"字体"选项组中的"倾斜"按钮 I。

3. 公式的转换

Word 提供的公式有专业型和线型两种类型，并且二者是可以相互转换的。专业型是符合专业学科格式的公式；线型是在文档中使用文本和部分符号形成公式，接近于计算机程序中进行公式格式的编辑。转换时先选定需要转换的公式，单击公式右侧边框上的下三角按钮，在打开的菜单中单击对应的菜单项即可。$f = \sqrt{1-x^2}$ 为专业型格式，则 $f = \sqrt{(1-x^2)}$ 为对应的线型格式。

4. 另存为新公式

对新编辑的公式或公式的一部分，如果系统没有将其内置在公式库文件中，那么可以将新编制的公式新加入到内置库文件中，再次用到该公式时就可以直接添加使用了。操作方法：先选定公式，单击公式右侧的下三角按钮，在打开的菜单中选择"另存为新公式（S）…"选项，打开如图 5-6 所示对话框，选择相应内容后，单击"确定"按钮。

5. 在公式中添加符号

数学表达式往往由符号连接数字或字母组成，某些符号可以通过键盘输入，但有些符号是键盘上无法输入，那么只能使用 Word 公式编辑功能提供的符号功能进行输入。下面以输入公式 $y \geqslant 3x+5$ 为例说明完成此公式的输入过程。先选择"插入"选项卡，在"符号"功能选项中单击"公式→插入新公式"，打开如图 5-2 所示的"公式工具设计"工具窗口，并且在输入点出现

▶ 图 5-6　保存新建公式对话框

，这时在键盘上输入"y"，然后单击"符号"区中的"⩾"，最后在键盘上输入 3x+5，即完成了对该公式的输入。公式中其他的符号可以参照此方法输入。

5.2　撰写博文

随着计算机及网络的发展，许多人在网络上申请了个人博客。博客日志可以通过多种工具来发布，Word 2010 作为一种文本编辑工具也集成了此项功能。现在只需要简单地在 Word 2010 中关联上申请到的博客账号，就可以使用 Word 来发布日志了。

1. 认识博客

博客（Blog）又叫网络日志（Weblog），是互联网上一种用于个人书写和人际交流的工具。用户可以通过博客记录工作、学习、生活和娱乐的点滴，甚至观点和评论，从而在网上建立一个完全属于自己的天地。

2. 撰写博文

Word 2010 中增加了博客的功能，在网络联通的情况下，可以在 Word 中书写、编辑、发布文章到博客上去。下面就简单介绍一下 Word 2010 在撰写博客文章中地应用。

（1）申请博客账户

如果要想在博客中发布文章，必须先拥有博客账户。可以先在提供该项服务的网站中注册一个邮箱，再利用该邮箱完成博客的注册。

（2）创建 Word 2010 博客账户

申请博客成功后，需要在 Word 2010 中创建账户，以便与 Internet 中的博客账户相连接。在 Word 主界面中，单击"文件"选项卡中的"新建"菜单，在对应的选项菜单中双击"博客文章"打开"注册博客账户"对话框，如图 5-7 所示。单击"立即注册"按钮，打开"新建博客账户"对话框，如图 5-8 所示。单击对话框中"博客"右侧的下拉按钮，在下拉菜单中选择"其他"选项，单击"下一步"。在打开的"新建账户"对话框中进行相应设置，并选定"记住密码"选项，单击"确定"按钮，在打开的提示框中单击"确定"按钮，完成该账户的创建，便进入文章的编辑状态，如图 5-9 所示。

（3）编排博客文章

博客账户创建后，即可进入博客文章的编辑窗口。单击"在此处输入文章标题"处，即可输入文章的标题，在标题的下方输入文章内容，并可以进行字体、字号等相应的编辑。

如果想确定文章的类别，可以单击"博客"选项组中的"插入级别"按钮，可以为文章确定所属的类别。文章编辑完成后，可以像保存其他文档的方式一样对文章进行保存。

▶ 图 5-7 "注册博客账户"对话框

▶ 图 5-8 "新建博客账户"对话框

▶ 图 5-9 "博客文章"编辑窗口

（4）发布文章到博客

如果想把编辑的文章发布到博客上，可以在"博客文章"选项卡中的"博客"选项组中单击"发布"按钮。在网络连接正常的情况下，会在编辑区上方显示文章发布成功的提示信息，如图 5-10 所示。

3. 管理博文

（1）查看博客中文章

在发布文章成功后，可以到申请的博客站点上去查看发表文章的情况，这时可以在"博客文章"选项卡中的"博客"选项组中单击"主页"按钮，即可登录到博客网站上。

（2）编辑已发布的文章

在 Word 2010 界面中，选择"文件"选项卡中的"新建"菜单，在右侧窗口中双击"博客文章"选项，则进入"博客"文章的编辑窗口。在"博客文章"选项卡的"博客"选项组中单击"打开现有文章"按钮，如图 5-11 所示。双击文章标题或选中文章标题后，单击"确定"按钮，即可进行选中文章的编辑。

▶ 图 5-10 文章发布成功后的提示信息

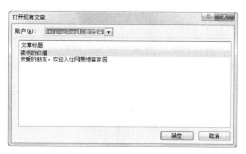

▶ 图 5-11 "打开现有文章"对话框

（3）发布已存在文档到博客

在 Word 2010 中除可将编辑的文章发布到博客中外，还可将已经保存到硬盘或其他存储器中的文章发布到博客中。

在 Word 2010 中打开已保存的文章，单击"文件"选项卡中的"保存并发送"菜单项，在右侧的窗口中选择"发布为博客文章"菜单项，即可进入该文章的"博客文章"编辑窗口。在窗口中进行相应编辑后，单击"发布"按钮即可发布成功。

4．账户的管理

Word 2010 不但可以实现对文章的发布，还可以实现多个博客账户的管理。也就是可以将 Word 关联到其他的博客账户中。在博客文章编辑窗口中，选择"博客文章"选项卡，在"博客"选项组中单击"管理账户"按钮，打开"博客账户"对话框，如图 5-12 所示。在该对话框中，可以新建博客账户，也可以对其中的博客账户进行修改及删除操作等。

图 5-12 "博客账户"对话框

任务 14　制作公司面试通知单

任务描述

某公司招聘员工，现根据初试结果（如下表 5-1 所示），给需要参加复试的应聘人员发放复试通知单。

表 5-1　应聘人员名单

姓　　名	性　　别	应 聘 职 位
李小明	男	生产总监
郝向楠	女	财务助理
王红伟	男	人力资源助理
陈晓霞	女	财务总监
陈虎	男	技术总监

任务解析

本次任务中，需要达到以下目的：
➢ 掌握按普通文本格式输入如下文本的方法；
➢ 掌握需要插入不同内容的地方插入域的方法；
➢ 掌握预览结果并完成邮件合并工作的方法。

本次任务的操作步骤如下：

（1）运行 Word，创建一个新文档，输入如下内容：

面试通知单

：

您好！

感谢您对我司工作的支持！您应聘的我公司的职位已通过初次面试，为彼此进一步了解请您于 X 月 X 日 X 时前来本公司参加复试。

（2）单击"邮件"标签项，在"开始邮件合并"功能区中单击"开始邮件合并"下拉按钮并选择"信函"，如图 5-13 所示。

（3）在"开始邮件合并"功能区中，单击"选择收件人"按钮，在下拉菜单中选择"使用现有列表（E）…"，打开"选取数据源"对话框，在对话框中找到如表 5-1 所示的数据源，单击"打开"按钮，即打开如图 5-14 所示对话框，单击"确定"按钮。

图 5-13 "开始邮件合并"下拉菜单

图 5-14 "选择表格"对话框

（4）将光标定位于文档正文开始的"："前，单击"编写和插入域"功能区中的"插入合并域"按扭，在下拉列表中选择"姓名"选项，单击"编写和插入域"功能区中的"规则"按钮，在图 5-15 所示的列表中选择"如果…那么…否则…"命令选项，在打开的如图 5-16 所示的对话框中设置"域名"为性别，"比较条件"为"等于"，"比较对象"为"男"，在"则插入此文字"处输入"先生"，在"否则插入此文字"处输入"女士"，最后单击"确定"按钮。

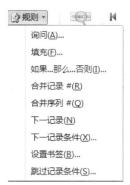

图 5-15 "规则"下拉菜单

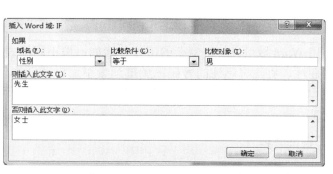

图 5-16 条件域设置对话框

（5）将光标定位在文档中"职位"的前面，单击"编写和插入域"功能区中的"插入合并域"按扭，在下拉列表中选择"应聘职位"选项，插入域后的效果如下所示。

面试通知单

《姓名》先生：

您好！

感谢您对我司工作的支持！您应聘的我公司的《应聘职位》职位已通过初次面试，为彼此进一步了解请您于 X 月 X 日 X 时前来本公司参加复试。

（6）单击"预览结果"功能区中的"预览结果"按钮进行查看合并效果，如图 5-17 所示。

（7）单击"完成"功能区中"完成并合并"按钮，选择"编辑单个文档"选项，如图 5-18 所示，将文档合并到新文档中。

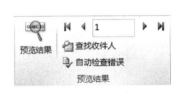

图 5-17　"预览结果"功能区

图 5-18　邮件合并完成菜单

5.3　域

Word 中域的英文意思是范围，类似数据库中的字段，实际上就是 Word 文档中的一些字段。每个 Word 域都有一个唯一的名字，但有不同的取值。用 Word 排版时，若能熟练使用 Word 域，可增强排版的灵活性，减少重复操作，提高工作效率。

1．域的组成

域是 Word 中的一种特殊命令，它由花括号、域名（域代码）及选项开关构成。域代码是由域特征字符、域类型、域指令和开关组成的字符串。域执行后会产生一定的结果，叫域结果，域结果根据文档的变动或相应因素的变化而自动更新。在用 Word 处理文档时若能巧妙地应用域，会给工作带来极大的方便，特别是制作理科等试卷时，具有公式编辑器不可替代的优点。

2．域的功能

使用 Word 域可以解决复杂的工作，诸如：按不同格式插入日期和时间；自动编页码、图表的题注、脚注、尾注的号码；关键词索引、自动创建目录、图表目录；插入文档属性信息；实现邮件的自动合并与打印；创建数学公式；执行加、减及其他数学运算；调整文字位置等。

3．域的管理

（1）域的显示方式

域在文档中存在方式有两种，一种是以代码的形式存在，另一种是以域产生的结果形式显示，二者之间可以相互转换。转换时，只要右击插入的域，在弹出的菜单中选择"切换域代码"项，即可实现相互转换。

① 代码显示

域代码类似于公式，域选项开关是特殊指令，在域中可触发特定的操作。域的值根据文档的变动或相应因素的变化而自动更新。例如，域代码{TIME \@ "yyyy'年'M'月'd'日'"}在文档中每个出现此域代码的地方可插入当前日期，其中"TIME"是域类型，"\@ "是选项开关。常用的选项开关有格式开关 (*)、数字格式开关 (\#)、日期-时间格式开关 (\@)等。

② 结果显示

不显示域的构成等相关要素，将域能实现的结果显示出来。如"2014 年 4 月 2 日"就是上述域代码对应的结果。

（2）插入域

在 Word 文档中可以通过直接输入域代码来使用域，使用非常方便。但通过这种方式使用的域的数量是有限的，当需要较复杂的操作时，就必须使用其他方法来实现。可以使用的方法有两种，一种是使用"域"对话框，另一种是手工输入。无论使用哪种方法，首先必须先将光标定位在需要插入域的位置，再执行插入域的操作。

① 使用"域"对话框

在"插入"选项卡的"文本"选项组中，单击"文档部件"，在下拉菜单中选择"[图] 域(F)... "，弹出"域"对话框，如图 5-19 所示。在左侧选择域从属的类别，在右侧设置对应域的属性及选项。其中"域属性"和"域选项"两部分会根据所选择的域而出现，单击"确定"按钮后将在插入点位置自动输入选择的域所对应的结果。

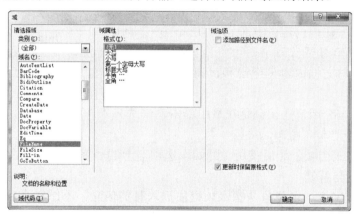

▶ 图 5-19 "域"对话框

② 手工输入

如果对域代码非常熟悉，可以手工输入域代码。首先按【Ctrl+F9】组合键输入域专用的一对大括号 {}，然后在大括号中输入域的其他内容。例如：输入{TIME \@ "yyyy'年'M'月'd'日'"}。输入完成后，输入内容可以是以域代码形式显示，也可以将其转换成对应的结果形式显示。

在使用手动输入域代码时，必须严格按照规则输入，否则输入的域可能会出错。在输入域时需注意几个问题：

➢ 域名不区分大小写。

➢ 代表域的大括号不是使用键盘输入，而是使用【Ctrl+F9】组合键输入。

➢ 域代码和大括号间各留一个空格。

➢ 域名、域属性、开关必须用一空格隔开。
➢ 域属性中如果包含文字，则文字一定用单引号括起来。

（3）域的编辑修改

如果对所使用域的格式不太满意，还可以对其进行编辑。编辑时可以在域代码显示方式下，将光标定位在所插入的域的相应位置来直接进行修改，也可以右击插入的域，在快捷菜单中选择"编辑域"命令，打开如图 5-19 所示的对话框。通过选择"域属性"和"域选项"来修改，还可以在该对话框中单击左下角的"域代码"按钮，在打开对话框中的"高级域属性"中通过修改此域的代码实现域的编辑修改。

（4）更新域

域的最大特点是可以进行更新，更新的目的在于及时对文档中的可变内容进行反馈，从而得到最新的、正确的结果。有些域可以自动更新，但绝大多数域需要手动更新。更新时单击插入的域，然后按【F9】键，或右键单击插入域，在快捷菜单中选择"更新域"命令。按【Ctrl+A】组合键后，再按【F9】键可以实现对文档中所有域的更新操作。

（5）更改域的底纹背景

编辑文档时是否让域显示出底纹背景，这要根据具体情况来选择。在"文件"选项卡中，单击"选项"菜单，打开"Word 选项"对话框，如图 5-20 所示。在左侧窗格中单击"高级"选项，在右侧窗格的"显示文档内容"下面的"域底纹"列表中，请执行下列操作之一：

① 若要使域与文档内容的其他部分明显不同，请选择"始终显示"。

② 若要使域与文档内容无缝混和，请选择"不显示"。

▶图 5-20 "Word 选项"对话框

③ 若要使 Word 用户意识到是在域中单击，请选择"选取时显示"。

（6）设置域的文本格式

选择要设置格式的域，然后使用"开始"选项卡上的"字体"组中的命令应用格式。

（7）域的锁定与解锁

对于插入的域来说，可能只是想永久记住插入时的信息，不想在今后被人为更新或无意中自动更新。选定域后按【Ctrl+F11】组合键可锁定域，无法再对其进行更新，如果想再继续被更新的话，按【Ctrl+Shift+F11】组合键恢复域的更新操作。

通过上面的几个简单的例子，不难看出域有以下几个特点：

一是可以自动更新，二是可以通过 Word 界面操作，三是其独有的动态显示底纹。

4. 域的应用

在对长文档进行排版时，尤其是书籍排版，一般都需要在所在章的页眉中显示该章的标题，例如，当前页属于第五模块，那么就需要在该页的页眉中显示第五模块的标题，下一页是第六模块了，那么在其页眉中显示第六模块的标题。要实现这种排版效果，必须使用"StyleRef"域来完成。打开一文档，选中一页的页眉使其处于编辑状态，然后打开如图 5-19 所示的"域"对话框，在"域"名列表中选择"StyleRef"域，在"域属性"中选择标题所设置的样式，单击"确定"按钮，如图 5-21 所示。

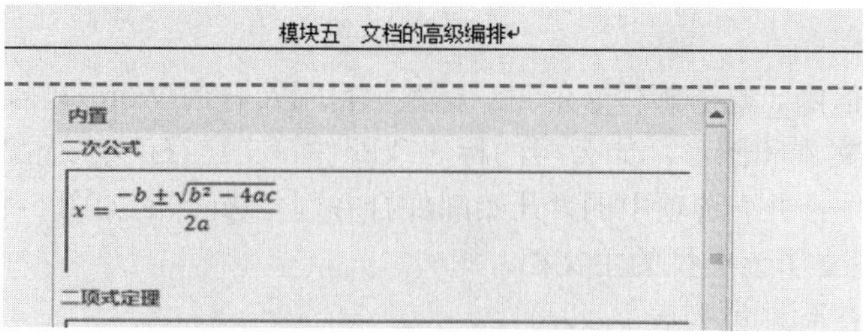

> 图 5-21　页眉中的标题

通过了解域的功能，知道域的应用范围很多，这需要在熟悉域的基础上，尝试使用域的其他功能，这里不再一一举例。

5.4　邮件合并

在生活过程中，经常会遇到制作主体内容相同，但个别内容不同的文档，如录取通知、会议邀请函等。这类文档有一个共同的特点就是文档的主体内容完全相同，只是其中的人员姓名或称谓不同。

制作这类文档可以有两种方法。一种是先制作好一个文档范文，然后复制多份，再修改每个文档中类似的人员姓名及称谓等。另一种省力做法是利用 Word 提供的邮件合并功能，通过建立主文档与数据源的链接，从而实现要求，明显提高工作效率。

1. 元素构成

邮件合并是把每个邮件中都相同的内容与区分不同邮件的内容结合起来。前者称为主文档，后者称为数据源。主文档就是要制作的多个文档中相同内容的部分，将这些内容保存于一个文档中。数据源就是主文档中要使用的数据，实际是包含标题的数据记录表，其中包含相关的字段及记录。数据表可以是 Word、Excel、Access 或 Outlook 联系人中的记录表，还可以是一系列工作表。数据源可以是已经存在的，也可以在操作过程中根据文档的要求新建立的。

2. 邮件合并的用途

使用邮件合并功能可以创建标签、信封、目录、普通 Word 文档、电子邮件及信函等。在创建类似信封、标签、信函时需要重复输入大量的收件人信息，耗时耗力，这就是引入邮件合并功能的原因。在使用邮件合并时只需创建一个主文档，在其中包含每个对象中都有的信息，然后在文档中添加占位符，合并时用数据源中的具体数据代替这些占位符，就实现了邮件合并的功能。

现以信封为例说明。所有信封上的寄信人姓名是相同的，但收信人的姓名和地址是不同的。创建时可以创建一个个的单信封，也可以使用含有收信人信息的地址簿文件生成批量信封。地址簿文件可以是 Excel 工作表或以【Tab】键分割的文本文件，并且带有标题行。将收信人信息适当分解，如姓名、街道、城市、邮编等，并在地址簿文件内的连续区域存放。

3. 邮件合并的主要步骤

要完成邮件合并功能，主要分为以下几个步骤：

(1) 创建主文档

主文档是作为信函、电子邮件、信封、标签、目录及普通 Word 文档内容的文档，包含每个对象中相同的文本和图形，如公司的标志或邮件正文。在新建文档中输入内容后，单击"邮件→开始邮件合并"选项中的"开始邮件合并"，在打开的如图 5-13 所示下拉菜单中选择"信函"，即建立了该类型的主文档。

(2) 将文档链接到地址列表

地址列表是 Word 在邮件合并中使用的数据源。它是一个文件，其中包含要向文档中添加的数据。选择数据源时，可使用现有的数据源，也可创建新的数据源。新建数据源时除了可以在 Word 中新建之外，还可以使用其他程序创建。当在"邮件"选项卡中的"开始邮件合并"选项组中单击"选择收件人"右侧三角符号，打开如图 5-22 所示的下拉列表。

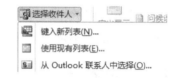

图 5-22 "选择收件人"下拉列表

① 创建新列表

单击上图中"键入新列表"时，打开如图 5-23 所示对话框，可以根据需要新建一个数据源。建立时增加记录时单击"新建条目"按钮，也可以自定义数据源的字段。

② 使用现有列表

数据源可以是已经建立完成的数据表。单击图 5-22 中的"使用现有列表..."，打开"选取数据源"对话框，在此对话框中可以选择已经保存的数据源，也可以使用数据源连接向导连接到一个远程数据源。

③ 使用收件人列表。可以从 Outlook 联系人中选择数据源。

(3) 调整收件人列表

Word 为数据源中的每一个记录生成一个文档即邮件。在"邮件"选项卡的"开始邮件合并"选项组中，单击"编辑收件人列表"，打开如图 5-24 所示的对话框。在进行邮件合并时，可以向使用的数据源中添加或修改数据列表，还可以对数据源中记录数据进行排序与筛选等操作。如果只为地址列表中的某些记录生成文档，则可只选择要包括的记录。

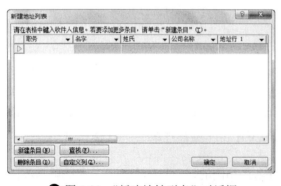

图 5-23 "新建地址列表"对话框

图 5-24 "邮件合并收件人"对话框

(4) 将合并域的占位符添加到文档即电子邮件中

在文档中添加收件人列表中的域即数据源中的字段名，在执行邮件合并时，数据源中相应字段的值会自动添加到域名所在文档中。

(5) 预览并完成合并

将主文档与数据源链接并且进行编辑后，就可以完成邮件合并操作，并将文件以指定的形式输出。在完成编辑操作后，还可以逐一查看收件人的预览效果，以便及时修正错误，以保证收件人信息的准确性。

① 编辑单个文档

此选项是将数据源中的数据合并到主文档后，形成以数据源中每个记录为数据页的独立文档。单击图 5-18 中的"编辑单个文档…"菜单项，打开"合并到新文档"对话框。选择"合并记录"中的某一项后单击"确定"按钮。

② 打印文档

此选项是将数据源中数据与主文档中的内容进行合并后在打印机上打印输出。单击图 5-18 中的"打印文档…"菜单项，打开"合并到打印机"对话框，选择"合并记录"中的一项，单击"确定"按钮，打开如图 5-25 所示的"打印"对话框。在对话框中选择相应选项后，单击"确定"按钮即可开始打印。打印时可以只选择数据源的当前记录，也可以选择全部记录，还可以选择部分记录。

③ 合并到电子邮件

将数据源中数据与主文档进行合并后，以电子邮件的形式进行发送。单击图 5-18 中的"发送电子邮件…"菜单项，打开如图 5-26 所示的"合并到电子邮件"对话框，选择相应选项并输入主题，单击"确定"按钮后即以电子邮件的形式发送。

图 5-25 "打印"对话框

图 5-26 "合并到电子邮件"对话框

4. 编写和插入域

在"邮件"选项卡的"编写和插入域"选项组中，在"地址块"及"问候语"位置添加信函地址及问候语，"插入合并域"是将数据列表中的字段插入到文档中，"突出显示合并域"是将插入的域以阴影的形式突出显示。

5. 制作中文信封

面试通知单制作完成并打印后，还需要相应的信封以便于邮寄。在 Word 中可以制作单独的信封，也可以使用信封向导制作批量信封。

① 单个信封

在"邮件"选项卡中，单击"创建"选项组中的"信封"，打开如图 5-27 所示的"信封和标签"对话框。在其中填写收信人地址及寄信人地址后，单击"打印"按钮。如果要确定信封的大小，还可以单击"选项"进行设置。

② 信封向导

在"邮件"选项卡中,单击"创建"选项组中的"中文信封",打开如图 5-28 所示的"信封制作向导"对话框,根据向导提示可以批量制作信封。

▶ 图 5-27 "信封和标签"对话框

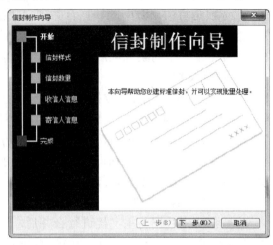

▶ 图 5-28 "信封制作向导"对话框

上机实训 5

1. 假期到了,班主任老师想根据本班学生档案及期末考试成绩,给每位学生家长发一份家庭通知书,请利用 Word 提供的邮件合并功能实现这一任务。

2. 学校要召开建校五十周年庆祝大会,准备邀请在本校毕业的部分学生代表参加,请你以学校的名义,给这些同学每人发一封邀请函,内容主题为诚邀参加校庆活动,格式及内容自定。请利用 Word 的邮件合并功能实现这一任务,被邀学生名单格式如下:

姓名	性别	公司名称	职务
张明	男	XX 科技发展有限公司	总经理
…	…	…	…

3. 在文档中插入如下所示的数学公式:

$$f(x) = 2\sin\frac{x}{2}\left(\sin\frac{x}{2}+\cos\frac{x}{2}\right)-1$$

4. 在文档中输入电源内阻消耗功率公式:

$$P = rI^2 = \frac{rE^2}{(R+r)^2}$$

5. 使用域代码的形式,在文档的页脚区插入页码,并改变域的显示方式,比较插入的域与其他文本的区别,体验文档中域的使用方法。

模块六

长文档编辑与管理

在工作过程中难免会遇到诸如论文、报告、书籍等内容较多的文档，对这类文档查阅和管理起来很不方便。如何在页数较多的长文档中快速定位到所要浏览的内容，这涉及对长文档的有效管理。本模块就是利用 Word 提供的相应功能，通过使用样式、目录、页码、书签、导航等实现对长文档的编辑与管理。

 任务 15　为论文创建目录

任务描述

小明是一名大四的学生，转眼毕业在即，和其他同学一样都在忙着赶写毕业论文，由于论文的内容页数较多，他需要在论文的前面加上目录以提高论文的可读性。

任务解析

本次任务中，需要达到以下目的：
- 掌握标题样式或大纲级别的定义方法；
- 掌握其应用到要出现在目录中的标题上的方法；
- 掌握插入目录的方法。

本次任务的操作步骤如下：

（1）运行 Word，打开已撰写完成的论文文档，如图 6-1 所示。

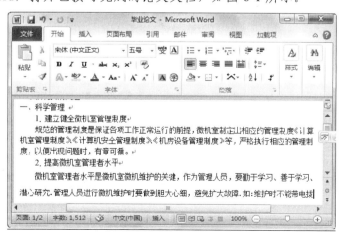

图 6-1　毕业论文文档窗口

（2）将 Word 中预定义的标题样式应用到目录标题上。选定"一、科学管理",单击"开始"选项卡,在"样式"选项组中单击"标题 1",将其设置为标题 1 样式。用类似的方法设置"1、建立健全微机室管理制度"为"标题 2"样式,"2、提高微机室管理者水平"为"标题 2"样式,其他标题样式按相应级别进行设置,设置完成后的效果如图 6-2 所示。

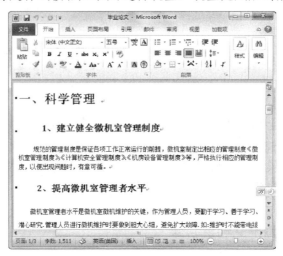

图 6-2　设置标题样式后的效果

（3）确定创建目录的位置。在"一、科学管理"的前面插入一新行,并将光标定位在新行内。在"引用"选项卡的"目录"选项组中,单击"目录"按钮,打开"内置"下拉菜单,如图 6-3 所示,单击"插入目录"菜单项,打开如图 6-4 所示的"目录"对话框。

图 6-3　内置目录样式　　　　　　　　图 6-4　"目录"对话框

（4）选择"显示页码"及"页码右对齐"两个复选框,在"常规"中的"格式"下拉列表框中选择一种目录格式,在这里选择"正式";在"显示级别"选项框中输入或选择一种显示级别,在这里选择"2"。

（5）设置各选项后,单击"确定"按钮。Word 就在相应位置完成了目录的创建,效果如图 6-5 所示。

模块六　长文档编辑与管理

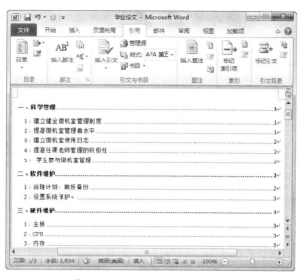

▶ 图 6-5　创建完成后的目录

6.1　使用样式

样式是一组格式特征的组合，如字体名称、字号、颜色、段落对齐方式和间距等，某些样式甚至可以包含边框和底纹。使用样式来设置文档的格式，以便快速轻松地在整个文档中应用一致的格式选项。

在 Word 中样式是对部分文本或段落格式进行快速设置的一种方法。样式分为内置样式和自定义样式两种。所谓内置样式是指 Word 本身所提供的样式。自定义样式是指用户根据对文本的具体要求，将常用的格式定义为样式，完成定义后，在使用上和内置样式的使用方法一样，直接选择就可以了。使用样式除了快速对文档进行格式规范之外，还能为后期生成目录等提供方便，提高对文档的编辑效率。

1. 内置样式

内置样式是指 Word 中自带的样式类型，包括"标题"、"强调"、"要点"、"引用"、"正文"等多种样式，如图 6-6 所示。一些样式除带有文本格式外还带有级别格式，如标题 1、标题 2、标题等。文档中应用这类样式后，不但可以更改文本的外观效果，还可以通过此类样式来提取目录。在文档的编辑过程中恰当地使用系统提供的这些样式，能加快对文档的编辑速度。

▶ 图 6-6　内置样式

在应用样式时，选择要应用样式的文本，或将光标移入应用样式的段落任何位置，选择"开始"选项卡，单击"样式"选项组中所要选择的样式。如想要查看其他的样式，可以单击样式列表框右侧的"▼"来逐行查找，也可以单击"⋮"，在打开的如图 6-6 所示的内置样式中来查找，找到后只要将鼠标放置在相应的样式上，就可看到所选文本或段落显示将要应用该样式的外观。如果应用该样式，在所要选择的样式上单击鼠标即可。

应用样式的另一种方法是在"样式"选项组中单击"□"按钮，打开如图 6-7 所示的"样式"窗格。如果想了解某样式的具体格式，可以将鼠标置于相应样式上，将显示该样式的详细设置格式，如图 6-8 所示。

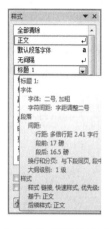

图 6-7 "样式"窗格　　　　图 6-8 显示"标题 1"样式格式的窗格

应用不同样式的文本效果如图 6-9 所示。

2. 自定义样式

如果 Word 内置样式不能满足编辑要求，可以根据需要重新定义样式。其操作步骤如下：

（1）在要自定义样式的文本中单击，定位光标插入点。

（2）在打开如图 6-7 所示的"样式"窗格中单击"新建样式"按钮，打开"根据格式设置创建新样式"对话框，如图 6-10 所示。

图 6-9 应用不同样式的文本效果

图 6-10 "根据格式设置创建新样式"对话框

（3）在"名称"文本框中输入新建样式的名称；在"格式"栏中根据要求设置字体、字号、对齐方式等。也可以单击对话框左下角的"格式"按钮，在打开如图 6-11 所示的菜单中选择相应的设置项目，再在对应的对话框中进行详细设置。

（4）单击"确定"按钮确认设置，关闭对话框返回文档编辑区，这时光标所在段落自动应用新建的样式，并在"样式"窗格中显示新建立的样式名称。

3. 查看和修改样式

Word 内置的样式和用户自定义的样式，在编辑文档时可以直接使用。但在实际应用过程中，有时会出现这些样式不能满足要求的情况，就需要对这些样式进行修改。在修改样式之前可以先查看一下需要修改的样式的具体格式。方法是将光标定位于修改样式的段落内或选中需要修改样式的文本，打开如图 6-7 所示的"样式"窗格，单击下方的按钮 ，打开"样式检查器"窗格，如图 6-12 所示。单击下方的"显示格式"按钮 ，打开如图 6-13 所示的"显示格式"窗格。

▶ 图 6-11 "格式"菜单

▶ 图 6-12 "样式检查器"窗格

▶ 图 6-13 "显示格式"窗格

如果要修改样式，只要在"样式"选项组中单击按钮 ，在打开的如图 6-7 所示的"样式"窗格中，右击需要修改的样式名称，在快捷菜单中选择"修改"菜单项，打开如图 6-14 所示的"修改样式"对话框，在该对话框中修改选定样式的属性及格式，设置完成后单击"确定"按钮，完成对该样式的修改。

Word 样式还具有自动更新功能。在图 6-10 所示的对话框中，如果选定"自动更新"复选项后，当用户改变了段落样式的使用方式后，系统会自动更新已定义过该样式的段落。

4. 删除样式

Word 内置的样式只能对其进行修改，不能删除。但对基于已有样式创建的新样式而言，可以采用下列方式删除。

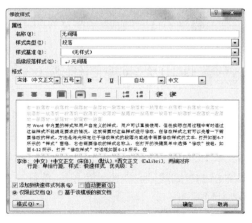

▶ 图 6-14 "修改样式"对话框

（1）通过删除命令删除样式

对于基于已有样式创建的新样式，可先将如图6-14所示的"修改样式"对话框的"样式基准"修改为"正文"或"无格式"后，再进行删除。

（2）通过还原命令删除样式

对于基于已有样式创建的新样式，可在打开的如图6-7所示的"样式"窗格中的下拉菜单中选择"还原"菜单项，新样式被删除，同时自动还原为原样式。

5．更改应用的样式

在Word中可以对文档使用其内置的样式集合，来更改文档中使用的样式集、颜色、字体、段落间距，以统一整个文档的风格和外观。在"开始"选项卡中的"样式"选项组中，单击"更改样式"按钮，在下拉菜单中可以选择样式集中的样式，如传统、典雅、流行……，如图6-15所示。在此菜单中还可以选择内置颜色、内置字体、内置段落间距等。

6．管理样式

在如图6-7所示的"样式"窗格中单击"管理样式"按钮，即打开"管理样式"对话框，如图6-16所示。在此窗格中可以对样式进行管理，如样式的新建、设置样式在窗格中的显示范围、样式的排序顺序、样式的修改，还可以导入/导出样式表等。

▶ 图6-15 "更改样式"菜单

▶ 图6-16 "管理样式"对话框

6.2 使用大纲视图组织文档

Word中有多种视图模式，在不同的模式下其显示效果是不相同的。在编排长文档时，使用大纲视图能够很好地对文档进行查看和编辑。在大纲视图中可以从不同角度查看文档的结构，同时进行修改，也可以随时对不合要求的标题级别和顺序进行调整。大纲视图使得文档的处理更为方便、简单、易行，但在大纲视图中不显示页边距、页眉和页脚、图片及背景等。

1．认识大纲视图

通常在Word中进行文档的编辑都是在其页面视图下实现的，这也是进入Word后默认的视图方式,当将其切换到大纲视图后,发现与其在页面视图下的显示方式大不相同,并在段落的前面出现不同的符号。图6-17为文档的页面视图,图6-18为该文档对应的大纲视图。

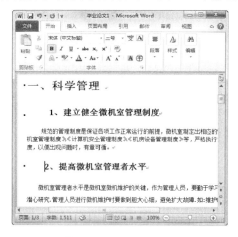

> 图6-17 页面视图

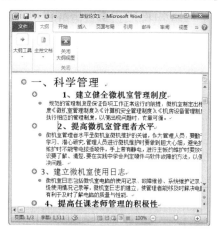

> 图6-18 大纲视图

大纲视图主要用于设置文档的层级结构,方便展开和折叠文档,特别适合于浏览长文档。大纲视图中的符号⊕表示该内容下面有从属文本;符号⊖表示该内容下面没有从属文本;符号●表示该段落为正文文本。

2. 设置大纲级别

大纲级别主要为文档的段落指定等级结构,当为段落设置大纲级别后,在大纲视图中文档将以不同的缩进形式显示,并且在大纲视图中可以改变设置的段落级别。

(1)设置大纲级别

设置大纲级别是在大纲视图中快速浏览文档的前提,也只有设置了大纲级别,文档才能在大纲视图中分层显示出来。在Word中设置大纲级别有两种方法。

① 在"段落"对话框中设置

设置时先将光标定位在需要设置级别的段落中,右击,在打开的快捷菜单中选择"段落"菜单项,打开"段落"对话框,如图6-19所示。单击"大纲级别"对应文本框右侧的下拉列表按钮,选择相应的级别。按照相同的方法再为其他段落设置相应的大纲级别,然后切换到大纲视图预览结果。

② 利用大纲工具进行设置

大纲级别除能在页面视图中设置之外,还可以在大纲视图中设置。当文档由页面视图切换到大纲视图之后,主菜单增加了"大纲"选项卡,并且此选项卡处于打开状态。大纲级别的设置主要通过下面的几个工具按钮实现。

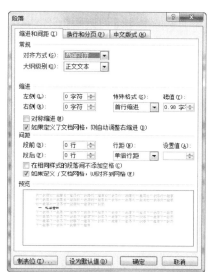

> 图6-19 "段落"对话框

➢ 提升至标题1 :将当前段落提升为大纲的最高级别。

- 升级：提升当前段落的级别，每单击一次该按钮就提升一个级别。
- 降级：降低当前段落的级别，每单击一次该按钮就降低一个级别。
- 降级为正文：将当前段落降低为最低级别即正文。
- 级别选择 1级：可以单击右侧的下拉按钮为当前的段落选择相应的级别。

（2）大纲级别的更改

除利用大纲选项卡中的大纲工具进行设置级别之外，还可以更改已经设置的大纲级别。操作时先将光标定位在需要更改大纲级别的段落内，再利用大纲工具进行重新更改，调整后马上会显示出更改后的效果。

3. 大纲级别在大纲视图中的应用

（1）折叠与展开大纲

在文档中对段落设置了大纲级别之后，在大纲视图中将以缩进标题的形式显示，代表各标题在大纲中的级别。利用大纲级别可将文档折叠，以便于快速浏览文档。操作时必须切换到大纲视图，再将光标定位于设置了大纲级别的段落内，单击"大纲工具"选项组中的 后，光标所在段落被折叠，段落中的从属内容将不再显示，且该段落文本下出现波浪下划线。

对折叠起来的文档段落还可以重新展开以方便阅读。操作时将光标置于需要展开的段落内，单击"大纲工具"选项组中的 后，被折叠的文档将展开显示，同时文本下方的波浪线消失。实现本操作还可以将光标置于需展开的段落前的 上，当鼠标指针变成十字双向箭头时，双击鼠标左键展开相应段落。图6-20所示为大纲折叠后的效果，图6-21所示为大纲展开后的效果。

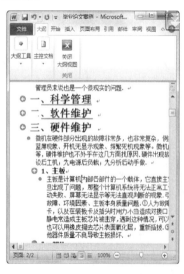
图6-20 大纲折叠后的效果

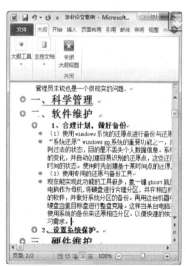
图6-21 大纲展开后的效果

（2）调整文本位置

在文档中要想调整段落的位置，通常情况下可以通过"剪切"和"粘贴"来实现，这在处理长文档时是较麻烦的事情，但在大纲视图中利用设置的大纲级别来调整段落文本的位置要方便得多。调整时先切换到大纲视图中，在"大纲工具"选项组中的"显示级别"下拉菜单中选择需要显示的大纲级别，将鼠标指针移动到需要调整的段落前的 上，当鼠标指针变为十字双向箭头的时候，按下鼠标左键不放拖动，当指示线移动到合适位置时放开鼠标左键即可。也可以在需要调整的段落前的 ⊕ 上单击，此段落文本处于选中状态，单击"大纲工具"选项组中的上移按钮▲或下移按钮▼进行选择段落的位置调整。

（3）显示大纲级别

如果想在文档中只显示到大纲级别的某一级，也就是说此级以下的不再显示出来，并且此级别及以上级别的从属文本被折叠。这样可以整体浏览到整个文档的结构布局。要实现此效果可单击"大纲工具"选项组中的"显示级别"下拉菜单，选择某一级别后，在文档窗口中即显示出所要显示的最小级别。显示大纲级别为 3 级的效果图，如图 6-22 所示。

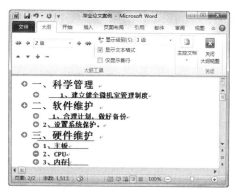

图 6-22 显示大纲级别为 3 级的效果图

6.3 使用目录

在阅览书籍、论文等长文档时，可以看到文档的前面有一个目录。目录是论文、书籍等长文档的一个重要组成部分，通过目录可以使阅览者对所阅览文本结构一目了然。目录一般位于书籍正文的前面，起引导、指引作用。它列出了书中各级别的标题及每个标题所在的页码，通过页码能够很快找到标题所对应的位置。

1. 创建目录

为长文档创建目录时，可以使用系统提供的内置目录样式，也可以手动插入个性化的目录。在创建目录之前，应将出现在目录中的标题应用大纲级别或标题样式，在创建目录时，Word 会搜索带有指定样式的标题，参考页码顺序并按标题级别排列。

（1）内置目录

为了方便，可直接插入系统内置的目录样式，节省时间。使用时选择"引用"选项卡，单击"目录"选项组中的"目录"按钮，在打开的"内置"列表框中，单击使用的目录样式，如图 6-23 所示。

（2）手动设置目录

当对系统提供的内置样式不满意时，可以手动设置插入的目录样式。操作步骤为：选择"引用"选项卡，单击"目录"选项组中的"目录"按钮，在打开的"内置"列表框中，单击"插入目录"菜单项，打开如图 6-4 所示的"目录"对话框。在该对话框中设置创建目录的选项，其中一个重要的设置是决定在提取目录时要包含哪些大纲级别。下面简单介绍该对话框中的两个主要设置。

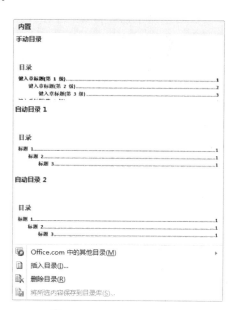

图 6-23 内置目录样式

① "选项"按钮：在"目录"对话框中单击该按钮打开"目录选项"对话框，如图 6-24 所示，在对话框中可以指定要出现在目录中的内容即套用了某些样式的标题，同时在右侧输入在目录中要出现的级别。

② "修改"按钮：在"目录"对话框中单击此按钮打开"样式"对话框，如图 6-25 所示，在此对话框中可以设置目录的外观。

▶ 图 6-24 "目录选项"对话框

▶ 图 6-25 "样式"对话框

当选项都设置完成后，可以单击"目录"对话框中的"确定"按钮，即在文档中的相应位置上插入了设置的目录。

2. 更新目录

在创建目录后，如果文档的内容出现了增删或修改了标题等，则都需要对创建的目录进行更新，使目录与标题及内容保持一致。

如果文档中的标题被修改，这时不需要再重新创建目录以达到目录与内容的一致性，只需要在"引用"选项卡中单击"目录"选项组中的"更新目录"按钮，打开"更新目录"对话框，选择"更新整个目录"选项，单击"确定"按钮，如图 6-26 所示，即可实现目录的更新。

如果对文档中的内容进行了增加或删减，改变了页码而没有改变标题，只需要在如图 6-26 所示的对话框中选择"只更新页码"，也可以选择"更新整个目录"选项。

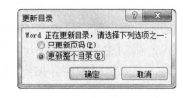

▶ 图 6-26 "更新目录"对话框

打开"更新目录"对话框，除上面介绍的方法外，还有其他方法：一是只需要在目录区内单击【F9】键；二是在目录区中单击右键，在快捷菜单中选择"更新域"命令。

3. 编辑目录

创建目录后，如果发现目录的字体、字号、颜色等需要调整的话，可以选中需要设置的目录或一部分，如同对其他文本设置方法一样，在此不再赘述。

4. 删除目录

如果要删除已经创建的目录，只要在如图 6-23 所示的内置菜单中选择"删除目录"选项，或在目录区选中创建的目录，按键盘上的【Delete】键进行删除。

6.4 使用脚注与尾注

脚注和尾注用于为文档中的文本提供解释说明及一些相关的参考资料。通常情况下脚注位于页面的底部，用于对该页中一些内容进行补充说明；尾注位于整篇文档的末尾，用于补充说明该文档的内容。当插入脚注或尾注后，系统会自动对脚注或尾注进行编号。在添加、删除或移动自动编号的注释时，Word 将对脚注和尾注进行重新编号。

1. 插入脚注和尾注

在文档中可以直接添加默认编号格式的脚注和尾注，根据需要也可以手动设置编号格式。插入时可以采用两种插入方法。

（1）对话框法

在需要添加脚注或尾注的位置单击鼠标，定位光标插入点。在"引用"选项卡的"脚注"选项组中单击右下角的按钮 ，打开如图 6-27 所示的"脚注和尾注"对话框。

在"位置"中选择"脚注"还是"尾注"；在"格式"中的"编号格式"下拉列表框中选择需要的编号格式；在"编号"下拉列表框中选择编号方式；在"应用更改"下拉列表框中选择相应项目后，单击"插入"按钮。

（2）按钮单击法

在需要添加脚注或尾注的位置单击鼠标，定位光标插入点。在"引用"选项卡的"脚注"选项组中单击"插入脚注"或"插入尾注"按钮，Word 自动将光标定位到脚注或尾注编辑位置。第一个脚注的编号自动设置为 1，第一个尾注的编号自动设置为 i 。图 6-28 为添加了脚注的效果。

图 6-27 "脚注和尾注"对话框

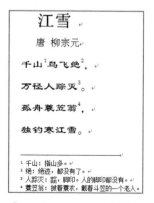

图 6-28 脚注应用效果

当进入脚注或尾注编辑状态之后，在其中输入文本，并删除文档中的说明文字。

2. 删除脚注或尾注

如果要删除脚注或尾注，应在文档中选中文本右上角的脚注或尾注编号，然后单击键盘上的【Delete】键进行删除。一旦某个脚注或尾注被删掉后，系统会自动对其他的脚注或尾注进行重新编号。

3. 脚注与尾注的转换

在使用脚注和尾注时可根据文档编排的需要，在两者之间进行转换。操作方法是：在如图 6-27 所示的"脚注和尾注"对话框中，单击"位置"区中的"转换"按钮，在打开的"转换注释"对话框中选择相应的项目后，单击"确定"按钮，即可将需要转换的脚注或尾注全部转换成另一种标注形式，再单击"关闭"按钮，关闭"脚注和尾注"对话框。

4. 定位脚注或尾注

在文档中如果实现多个脚注或尾注间的切换，可单击"脚注"选项组中的按钮"下一条脚注"，可定位到文档中的上一个或下一个脚注，或定位到上一个或下一个尾注。

6.5 使用索引

在阅览专业书籍时，会发现在书籍的最后会包含一个索引，列出了书籍中的重要词条以及它们在书籍中的位置，这也是在书籍中引入索引的目的。

1. 创建索引

创建索引的任务就是在文档中将所有要出现在索引中的词条标识出来，以便告诉系统哪些内容是建立索引的。索引的创建有两种方法：手动创建索引和自动创建索引。下面只以手动创建索引为例，讲解索引的创建过程。操作步骤如下：

（1）在文档中选择要作为索引的词语，选择"引用"选项卡，单击"索引"选项组中的"标记索引项"打开如图 6-29 所示的"标记索引项"对话框。如果想对文档中出现的所有该词条都进行标识，则单击对话框中的"标记全部（A）"按钮，否则单击"标记（M）"按钮。进行了标记的词条右侧多了一个以【XE】开头的标记，表示左侧的词语被标记成了索引项。重复上面的步骤，将该标记的词语标记完成，关闭"标记索引项"对话框。

（2）定位放置索引的位置，选择"引用"选项卡，单击"索引"选项组中的"插入索引"按钮，打开"索引"对话框，如图 6-30 所示。在此对话框中设置索引的格式及外观，设置完成后，单击"确定"按钮，即可在指定位置上创建了索引。

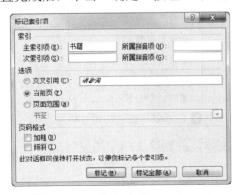

▶ 图 6-29 "标记索引项"对话框

▶ 图 6-30 "索引"对话框

2. 更新索引

在文档中如果增加或删减的内容会改变被标记索引的词语的页码，需要及时更新创建的索引。首先单击创建的索引区，再在"索引"选项组中单击"更新索引"，即使所有条目都指向正确的页码。

6.6 使用书签

目录中提供了标题所在的页码，为指导章节的查找提供了方便。如果想查找文档中的某个具体的词语，使用目录就很麻烦了。利用书签可以实现这个功能，尤其在长文档中更能显示出其优势。书签用于标记文档中某个位置，为快速找到这个位置提供了方便。

1. 创建书签

在使用书签前要先创建书签，用于创建书签的可以是选择的文字，也可以是一个插入点。操作步骤如下：先将光标定位或选择作为书签的文字，选择"插入"选项卡，单击"链接"选项组中的"书签"按钮，打开如图 6-31 所示的"书签"对话框。在对话框中的"书签名"文本框中填写书签名，单击右侧的"添加"按钮，即将新创建的书签名添加到下侧的大窗格中，单击"取消"按钮关闭"书签"对话框。如果要创建多个书签，重复上面的步骤即可。

图 6-31 "书签"对话框

2. 书签的定位

书签创建完成后，可以依据创建的书签快速定位要查找的文本内容或位置。在如图 6-31 所示的对话框中，选择所要查找内容对应的书签，单击对话框中的"定位"按钮，这时所要查找的内容呈现被选中状态显示。

还有一种定位的方法：选择"开始"选项卡中的"编辑"选项组，单击"替换"按钮，打开如图 6-32 所示的"查找和替换"对话框。在该对话框中选择"定位"选项卡，在"定位目标"中选择"书签"，在右侧"请输入书签名称"文本框中选择已定义的书签后，单击"定位"按钮，即可实现按所创建书签的定位。

图 6-32 "查找和替换"对话框

3. 书签的删除

对创建完成的书签，如果想删除，在图 6-31 所示的"书签"对话框中，选中需要删除的书签名称，单击右侧的"删除"按钮。

6.7 使用导航

对长文档编辑与管理，还可以使用导航窗格来实现。利用导航窗格不但可以查看文档的结构，还可以快速将页面转到指定标题位置，并以缩略图的形式对文档进行浏览。下面内容为使用导航实现的文档管理功能。

1. 导航窗格的打开

选择"视图"选项卡，在"显示"选项组中单击"导航窗格"复选项，在文档窗口左侧打开如图 6-33 所示的窗格，在该窗格中可以按标题、页面或通过搜索文本或对象来进行导航。

2. 导航的应用

在导航窗格中可以通过其中的三个选项卡来实现基本操作。

（1）文档中的标题

当文档中已经设置了标题级别后，可以单击导航窗格中的选项卡 ，会在下面的窗口中显示出该文档的结构，如图 6-34 所示。

① 定位文本

图 6-33 "导航"窗格

图 6-34 导航窗格中的标题

当在此窗格中选定某个标题后，即可在文档窗口中显示出所选标题及其内容。

② 文本内容的调整

需要将某个标题下的内容整体移动到另一个位置时，可以选定相应标题，然后将其标题拖动到其目标位置，则主文档中相应内容也做了相应的调整，从而减少了在主文档中调整文本的麻烦。

除此之外，可以删除标题及其下的内容，也可以进行标题级别的调整及创建。

（2）浏览文档中的页面

在浏览文档时有时希望快速地浏览到某一页中的内容，也就是快速定位到某一页时，可以单击选项卡 ，则在下面窗口中以缩略图的形式显示相应文档的页面，如图 6-35 所示。如果想查看某一个页面的内容，只要在导航窗格中单击相应页面，则在主文档窗口中就展开该页的内容。

（3）浏览搜索结果

当需要在文档中搜索某个关键字或某个对象时，可以单击选项卡 ，如图 6-33 所示，在"搜索文档"文

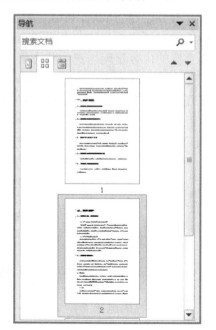
图 6-35 导航窗格中的页面缩略图

本框中输入需要搜索的文本内容，则在该选项卡下的窗口中显示需要搜索的文本所在的位置，同时在主文档窗口中被搜索的文本都以阴影字的形式显示，如图 6-36 所示。

如果想在文档中搜索其他对象，可以在"导航"窗格中单击文本框右侧的下拉三角按钮，在打开的如图 6-37 所示的下拉菜单中选择相应的对象。

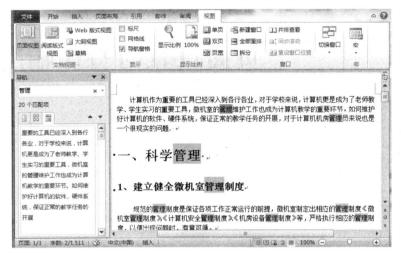

图 6-36 在导航窗格中搜索文本时的显示状态

图 6-37 "搜索"下拉菜单

上机实训 6

打开素材文件夹中的"创建节约型社会.docx"文档，按要求完成下列各个题目：

1. 为文档添加页眉和页脚，并在页脚区添加格式形如"-2-"的页码，居中排列。
2. 为文档的各级标题创建样式，转到大纲视图查看设置效果，为该文档创建目录，放置在文档的开头部分。
3. 为文档的相应文本添加脚注和尾注，观察添加后的效果。
4. 为文档创建索引和书签，并进行书签的定位及删除操作。
5. 打开导航窗格，使用其中的三个选项卡来浏览文档和实现文本的查找。

模块七

页面设置与打印输出

创建文档后,输入了文本及各种素材元素并进行了相关编辑及排版操作之后,除了可以以电子版的文件形式将其保存在计算机上或传输给别人之外,还可以将其打印输出。一般在打印之前,需要对文档进行页面设置、打印选项设置和打印预览。

 任务 16　设置并打印"我的假期计划"

任务描述

美好的假期就要开始了。在假期里,为了既能按计划完成作业,又能玩好休息好,还能完成平时想做没时间做的一些事情,小张精心设计了"假期计划"。欣赏着自己精心制作的假期计划,小张很想把它打印出来。让我们帮他把假期计划进行有关设置后打印出来吧,以便于查看和执行。

任务解析

本次任务,需要达到以下目的:
➢ 掌握文档页面设置的方法;
➢ 掌握文档打印选项设置的方法;
➢ 掌握打印文档的方法。

本次任务的操作步骤如下:

(1)打开素材文件夹内的"我的假期计划.docx"文档。单击"页面布局"选项卡,在展开的"页面布局→页面设置"功能区右下角处单击"页面设置"命令按钮　,在弹出的对话框中进行设置。"页边距"选择默认值,"纸张方向"选择"纵向","纸张大小"选择"A4",其他值默认。

(2)打开"文件→选项"命令,在展开的"Word 选项"对话框中单击"显示"选项卡,在"打印选项"区域勾选"打印在 Word 中创建的图形"复选框。

(3)打开"文件→打印"命令或者按【Ctrl+P】组合键,在展开的打印选项区域中进行设置。其中在"设置"区域中选择"打印所有页","打印"栏中的"份数"里输入"1"。右侧较大的区域是预览窗口,从预览窗口中可以看到要打印的效果。

(4)设置完成后,单击"打印"按钮　,开始打印。

打印成功后,会看到如图 7-1 所示的效果。

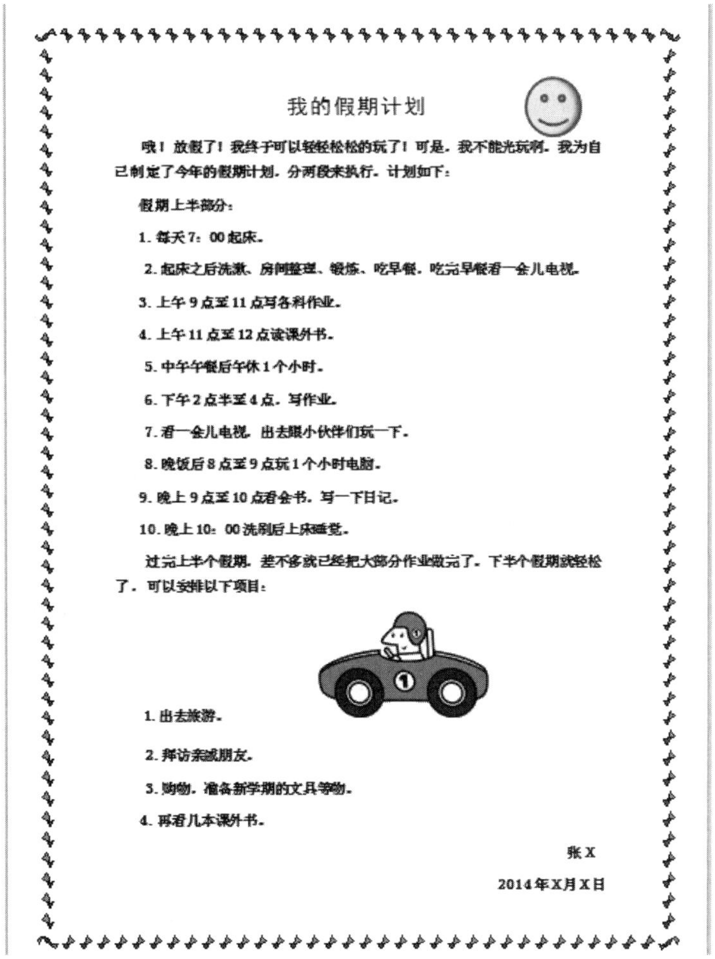

我的假期计划

哦！放假了！我终于可以轻轻松松的玩了！可是，我不能光玩啊，我为自己制定了今年的假期计划，分两段来执行，计划如下：

假期上半部分：

1. 每天7：00起床。

2. 起床之后洗漱、房间整理、锻炼、吃早餐，吃完早餐看一会儿电视。

3. 上午9点至11点写各科作业。

4. 上午11点至12点读课外书。

5. 中午午餐后午休1个小时。

6. 下午2点半至4点，写作业。

7. 看一会儿电视，出去跟小伙伴们玩一下。

8. 晚饭后8点至9点玩1个小时电脑。

9. 晚上9点至10点看会书，写一下日记。

10. 晚上10：00洗刷后上床睡觉。

过完上半个假期，差不多就已经把大部分作业做完了，下半个假期就轻松了，可以安排以下项目：

1. 出去旅游。

2. 拜访亲戚朋友。

3. 购物，准备新学期的文具等物。

4. 再看几本课外书。

张X

2014年X月X日

图 7-1 “我的假期计划”文档打印后的效果

任务 17 设置并打印“个人简历”

任务描述

欣赏着自己精心制作的个人简历，你内心肯定充满了成就感并决定将简历打印出来。让我们一起来完成该项任务吧。

任务解析

本次任务，需要达到以下目的：

- **掌握设置分隔符的方法；**
- **掌握对文档进行页眉、页脚、页码设置的方法；**
- **掌握对文档进行页面设置的方法；**
- **掌握打印设置及打印的方法。**

设置好之后的效果如图 7-2 所示。

> 图 7-2 文档"个人简历"设置完成后的效果

本次任务的操作步骤如下：

（1）打开素材文件夹内的"个人简历.docx"文档。单击"开始→段落"功能区的"显示/隐藏编辑标记"命令按钮 ，使其被选中，这时文档在页面视图中会显示出分页符和分节符，方便进行分页和分节操作。

（2）将光标定位于第一页最下面一行的位置，单击"页面布局→页面设置"功能区的"分隔符"命令按钮 ，在弹出的下拉列表中选择"分节符→下一页"命令。

（3）此时光标定位在文档的第二页上，也是第二节。单击"插入→页眉和页脚"功能区的"页眉"命令，在弹出的页眉下拉列表中选择第一行的样式，输入页眉内容"×××的个人简历"，并将页眉右对齐。注意取消"链接到前一条页眉"选项，这样在编辑第二节的页眉时，不会对第一节页眉产生影响。

（4）单击"页眉和页脚工具设计→导航"功能区的"转至页脚"按钮 ，从"页眉"位置切换到"页脚"位置。单击"页眉和页脚工具设计→页眉和页脚"功能区的"页码"按钮 ，在弹出的下拉列表中选择"设置页码格式"命令，在"页码格式"对话框中选择编号格式并在页码编号的"起始页码"输入框中输入起始页码值为"1"，单击"确定"按钮后关闭"页码格式"对话框。再单击"页眉和页脚工具设计→页眉和页脚"功能区的"页码"按钮，在弹出的下拉列表中单击"当前位置"，选择"普通数字"，完成插入页码的操作，最后单击"页眉和页脚工具设计→关闭"功能区的"关闭"按钮 ，退出编辑页眉页脚状态。

（5）由于打印出的简历需要装订，因此需设置装订线的位置。单击"页面布局"选项卡，在展开的"页面布局→页面设置"功能区右下角处单击"页面设置"命令按钮 ，在弹出的对话框中进行设置。"页边距"选项卡下，装订线位置设置为"左"，将装订线的值设为"1.0 厘米"，这个值表示装订线到页边的距离，而左边距表示文本与装订线之间的距离，"纸张方向"选择"纵向"，"纸张大小"选择"A4"，其余保持默认。

（6）文档的页面设置完成后，就可以进行打印了。打开"文件→打印"命令或者按【Ctrl+P】组合键，在展开的打印选项区域中进行设置，其中在"设置"区域中选择"打印所有页"，"打印"栏中的"份数"里输入"1"。右侧较大的区域是预览窗口，从预览窗口中可以看到要打印的效果。设置满意后，单击"打印"按钮 ，开始打印。

7.1 页面设置

文档给人的第一印象是它的整体布局，这离不开页面的设置。为了使文档打印得更加美观，通常在打印之前需要进行相应的页面设置。新建文档时，使用的是模板默认的页面格式，主要包括文档的纸张大小、页边距和纸张方向等内容，如果有特殊要求，可对这些内容进行设置。

1. 通过"页面设置"功能区的命令按钮进行设置

单击"页面布局"选项卡，看到"页面设置"功能区，如图 7-3 所示，包含"文字方向"、"页边距"、"纸张方向"、"纸张大小"等命令按钮。通过这一系列命令按钮，可以对有关页面属性进行设置。

（1）"文字方向"按钮：单击该按钮，弹出下拉列表框，如图 7-4 所示，在其下拉列表框中选择所需的文字方向类型。单击列表框最下面的"文字方向选项"命令按钮，弹出"文字方向"对话框,如图 7-5 所示。有不同的"方向"类型供选用。"应用于"下拉列表框中有"整篇文档"和"插入点之后"两个选项供选用。

图 7-3 "页面设置"功能区　　图 7-4 "文字方向"下拉列表框

(2)"页边距"按钮:"页边距"是指页面中文字与纸张上下左右边缘的距离。单击"页边距"按钮,可在其下拉列表框中,选择文档或当前的边距大小,如图 7-6 所示。如果想自定义页边距,可单击下拉列表框最下端的"自定义边距(A)..."命令按钮,在弹出的对话框中进行设置。

图 7-5 "文字方向"对话框　　图 7-6 "页边距"下拉列表框

(3)"纸张方向"按钮:单击该按钮,可在其下拉列表框中设置页面的纵向布局和横向布局。如果要求同一篇文档打印出来既有横向纸张,又有竖向纸张,可以将光标放在要改变方向的页面最开始处,然后单击"页面设置"命令,在打开的"页面设置"对话框中的"页边距"选项卡中,将纸张方向设置为"横向",并且将底部的"应用于"设置为"插入点之后",纸张方向改为横向,单击"确定"按钮保存设置后,从刚才放光标的那页开始,后面的页面就都变成了横向纸张。如果只需要将中间的一页或几页横过来,那么就再将光标放到要改回竖向的页面的最开始处,用同样的方法将后面几页再竖过来。纵向横向混排的效果如图 7-7 所示。

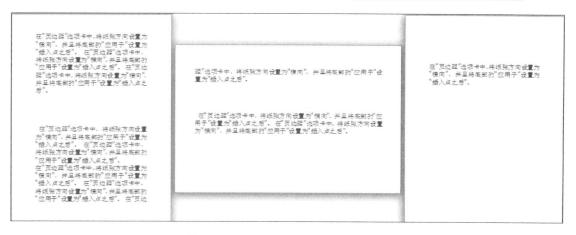

> 图 7-7　文档的纵向、横向混合布局

（4）"纸张大小"按钮：单击该按钮，在其下拉列表框中选择打印文档时所需纸张的大小和类型，如图 7-8 所示。如果想自定义纸张大小，可单击下拉列表框最下端的"其他页面大小…"命令按钮，在弹出的对话框中进行设置，如图 7-9 所示。比如买来一批空白请柬，要根据实际大小来自定义纸张大小后，再设计内容打印。

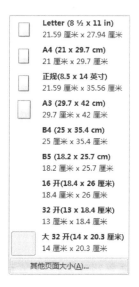

> 图 7-8　"纸张大小"下拉列表框

> 图 7-9　"页面设置"对话框

（5）"分栏"按钮：将文档内容分成几列进行排版。

（6）"分隔符"按钮：将文档中不同的内容分隔开。分隔符主要用于文档中段落与段落之间、节与节之间的分隔，使不同的段落或章节之间更加明显，也避免了通过使用【Enter】键来进行分页等分隔的麻烦。Word 文档中的分隔符包括"分页符"、"分栏符"和"分节符"等，如图 7-10 所示。"分页符"用于把分页符后面的内容移到下一页中。"分栏符"用于把分栏符之后的内容移到另一栏中。"分节符"是一个"节"的结束符号，"节"是文档格式存储的最大单位，每个节可以小至一个段落，大至整篇文档，若一个文档需要在一页之内或多页之间采用不同的版面布局，只需插入"分节符"将文档分成几个"节"，然后根据需要设置每"节"不同的格式，例如页面设置中的页边距、纸张方向、纸张大小等。"分节符"可以设置为"下一页"、"连续"、"偶数页"或"奇数页"。"下一页"表示将当前光标所在位置以下的全部内容移到下一页面上，类似于分页符的效果；"连续"表示分节符以后的内容可以排成与前面不同的格式，但不转到下一页，而是直接从本页分节符位置开始，多用于多栏排版时确保分节符前后两部分内容能正确排版；选用"偶数页"或"奇数页"时，光标所在位置以后的内容会转移到下一个偶数页或奇数页上。

（7）"行号"按钮：在文档中设置行号。

（8）"断字"按钮：断字指的是当文档中一个英文单词太长无法在行尾显示完整时，该单词自动移到下一行的开头而不是断成两行，可以设置"自动"或"手动"断字，可以设置"断字选项"，如图7-11所示。

图7-10 "分隔符"下拉列表

图7-11 "断字"选项及"断字选项"设置

2. 通过"页面设置"命令进行设置

若想对文档进行更详细的页面设置，可单击"页面布局"选项卡，在展开的"页面布局→页面设置"功能区右下角处单击"页面设置"命令按钮，打开"页面设置"对话框，包含"页边距"、"纸张"、"版式"、"文档网格"四个选项卡，可对有关项目进行详细的设置，如图7-12所示。

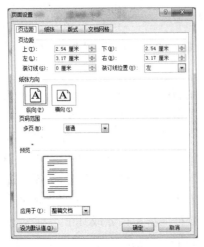 

图7-12 "页面设置"对话框

（1）"页边距"选项卡：页边距的设置实际上是版心的设置，它需要指明正文距离纸张的上、下、左、右边界的大小，即上边距、下边距、左边距、右边距。当文档需要装订时，最好设置装订线的位置。装订线是为了便于文档的装订而专门留下的宽度，其值表示装订线到页边的距离。例如，设置了装订线，装订线值为 1.2 厘米，装订线位置为"左"。左页边距是指文本与装订线之间的距离，而不是文本与左页边的距离。若不需要装订，则可以不设置此项，还可以设置文字打印方向是纵向还是横向打印。"应用于"下拉列表框可选"整篇文档"或"插入点之后"，通常选"整篇文档"。

（2）"纸张"选项卡：可对"纸张大小"、"纸张来源"和"应用于"进行详细设置。在"纸张大小"列表框中选择合适的纸张规格，并在"宽度"和"高度"框中分别设置精确的数值。需要注意的是，在设置纸张大小的对话框中，有一个"应用于"下拉列表框，表明当前设置的纸张大小的应用范围可选整篇文档或插入点之后，这就使得一个文档可以由不同的纸张构成。设置"纸张来源"是为了告诉打印机以什么方式取打印纸。通常，将纸张来源设置成默认纸盒（自动选取）。

（3）"版式"选项卡：版式是指整个文档的页面格局。它主要根据对页眉页脚的不同要求来形成不同的版式。通常，页眉是用文档的标题来制作的，页脚则主要是当前页的页码。在该选项卡中可设置"节的起始位置"；可从"奇偶页不同"和"首页不同"两项中设置"页眉和页脚"在文档中的编排；还可设置页面的"垂直对齐方式"；版式的应用范围为"应用于"。

（4）"文档网格"选项卡：可设置"文字排列"方向是水平还是垂直方向，栏数；可对网格进行设置；可对每行的"字符数"和每页的"行数"进行设置。

小技巧

双击操作界面左侧的垂直标尺或上面的水平标尺也可打开"页面设置"对话框。

7.2 页眉、页脚和页码的设置

页眉和页脚是打印在文档每页顶部或底部的描述性内容，也有重要的修饰页面功能。通过 Word 的页眉和页脚功能，可以在文档每页的顶部或底部添加内容（文本、图形和图片等对象），如页码、日期、文档标题、书名、章节名、文件名或作者名等少量的文字信息或图片。在文档中插入的页眉和页脚不但能美化页面，而且在其中显示的页码还能起到方便阅读的作用。在文档中可以自始至终使用同一个页眉或页脚，也可以在文档的不同部分或者奇偶页设置不同的页眉和页脚。

1．建立和编辑页眉和页脚

Word 默认的页面格式中没有页眉和页脚，可以根据需要设置。要建立页眉，可以单击"插入→页眉和页脚"功能区的"页眉"按钮，如图 7-13 所示，在打开的下拉列表中，如图 7-14 所示，选择所需的页眉样式，或者选择下拉列表下端的"编辑页眉"命令，这时插入点将定位显示在页眉处等待输入，文档编辑区的内容将变灰，同时多了一个"页眉和页脚工具设计"选项卡，如图 7-15 所示。

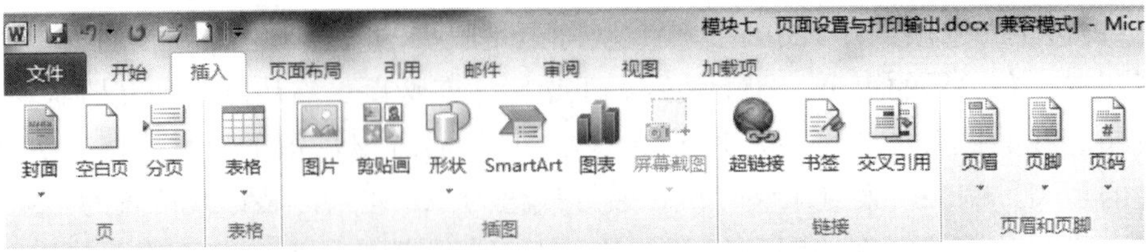

Word 2010 实用教程

> 图 7-13 "页眉、页脚、页码"命令所在的位置

> 图 7-14 "页眉样式"下拉列表

> 图 7-15 "页眉和页脚工具"的"设计"选项卡

要建立页脚，可以单击"插入→页眉和页脚"功能区的"页脚"命令按钮，在打开的下拉列表中选择所需要的页脚样式，或者选择下拉列表中的"编辑页脚"命令，这时插入点将定位显示在页脚处等待输入，文档编辑区的内容将变灰，"页眉和页脚工具设计"选项卡也会出现。

如果在进入页眉或页脚之前，页眉或页脚上已经有内容，而又不想删除这些内容，那么必须通过"编辑页眉"或"编辑页脚"命令进行编辑。实际上，通过"页眉和页脚工具设计"选项卡"导航"功能区内的命令，可以快速地在各个节的页眉和页脚间进行切换，取消"链接到前一条页眉"选项，可以为不同的节设置不同的页眉和页脚。

进入页眉或页脚之后，可在页眉区输入文字或图形，也可单击"页眉和页脚工具设计"选项卡"插入"功能区上的按钮，在页眉和页脚中插入各类对象。有时为了美观，会在页眉或页脚插入图片、剪贴画并进行大小调整等编辑操作。

在"页眉和页脚工具设计"选项卡"选项"功能区中，勾选"首页不同"选项可以为首页制作单独的页眉和页脚，勾选"奇偶页不同"选项可以为奇数页和偶数页设计不同的页眉和页脚，勾选"显示文档文字"选项可以在编辑页眉页脚时显示文档的其他内容。在

"页眉和页脚工具设计"选项卡"位置"功能区可以设置页眉和页脚距离页面顶端或底端的距离。

单击"页眉和页脚工具设计→关闭"功能区的"关闭"按钮，就可以关闭"页眉和页脚工具设计"选项卡了，并使插入点回到文档编辑区，这时页眉页脚的内容将变灰。

2. 不同页的页眉、页脚的设置

当文档的各页对页眉、页脚的要求不同时，可以在"页面设置"对话框的"版式"选项卡中进行设置，也可以在"页眉和页脚工具设计"选项卡"选项"功能区中进行设置。

（1）当版面设置为各页的页眉、页脚均相同时，只需要编排某一页的页眉、页脚，其余页的页眉、页脚随之而定。

（2）当版面设置为首页不同，其余页的页眉、页脚均相同时，先单独编排首页的页眉、页脚，再任意选择其余页中的某一页编排其页眉、页脚。

（3）当版面设置为奇偶页的页眉、页脚不同时，先编排某个奇数页的页眉、页脚，然后编排某个偶数页的页眉、页脚。

（4）当版面设置为首页不同，且其余奇偶页的页眉、页脚也不同时，先单独编排首页的页眉、页脚，然后编排某个奇数页的页眉、页脚，最后编排某个偶数页的页眉、页脚。

要删除页眉和页脚很方便，单击"插入"选项卡"页眉和页脚"功能区的"页眉"或"页脚"按钮，在其下拉列表中选择"删除页眉"或"删除页脚"命令即可。

3. 页码的设置

页码指的是文档中每个页面的编号，一般设置在页眉或页脚中。页码可以按照域的形式插入到页眉、页脚的相关位置上，并随着页的增加自动增加。对于页码本身的格式，可以按照字体设置和段落设置的步骤进行修改和调整。而对于页码的编号方式，则需要进入页码格式对话框进行设置。页码的编号方式包括"编号格式"和"页码编号"两个方面。

（1）"编号格式"规定的是页码的书写形式，如阿拉伯数字 1，2，3……，小写英文字母 a，b，c……，大写罗马数字 I，II，III……，中文数字一，二，三……等形式。一般默认的页码数字格式是"1，2，3……"。

（2）"页码编号"用来确定页码的起始编号。如果选中"续前节"单选框，页码的顺序会遵循前一节的顺序继续向后开始编排；如果需要页码从某个数字开始进行编排，可选中"页码编号"中"起始页码"单选框，然后在其后面的文本框中输入起始的页码数。对一个没有分节的文档而言，一般选择给定起始页码的方式。而对于一个分节的文档而言，最明智的选择是页码续前节编号。这样，不论前一节的页码编到多少号，本节的页码都会继续编下去。

实现页码的插入和页码格式设定可用两种方法：

① 在"插入→页眉和页脚"功能区单击"页码"命令按钮，弹出下拉列表，如图7-16所示，在下拉列表中选择插入页码的位置和样式，系统就为当前节的各页在指定位置加上页码。可以在下拉列表中选择"设置页码格式"命令，弹出"页码格式"对话框，如图7-17所示，在该对话框中选择合适的页码格式，单击"确定"按钮返回，此前此后插入的页码都遵循该格式，直到再次设置页码格式为止。

② 进入页眉或页脚，将光标定位到需要插入页码的位置上，用鼠标单击"页眉和页脚

工具设计"选项卡"页眉和页脚"功能区的"页码"按钮,选择"当前位置"命令,即可在当前位置插入页码。也可在下拉列表中选择"设置页码格式"命令设置页码的格式。

▶ 图 7-16 "页码"下拉列表

▶ 图 7-17 "页码格式"对话框

 小技巧

在页眉页脚中输入的文字,可以在"字体"功能区中设置其字体格式。

7.3 打印文档

一般情况下,当编辑制作好文档后,为了便于查阅或提交,需要将其打印出来。

1. 设置 Word 文档打印选项

打印文档时,可以通过设置打印选项使打印设置更适合实际应用,且所做的设置适用于所有 Word 文档。在 Word 中设置 Word 文档打印选项的步骤如下:

(1) 打开 Word 文档窗口,单击"文件→选项"按钮,打开"Word 选项"对话框,如图 7-18 所示。也可以在打开的"页面设置"对话框中单击"纸张"选项卡,然后单击"打印选项",同样可弹出"Word 选项"对话框。

▶ 图 7-18 在"Word 选项"对话框的"显示"选项卡中设置打印选项

（2）在打开的"Word 选项"对话框中，单击"显示"选项卡。在"打印选项"区域列出了可选的打印选项，如图 7-18 所示。选中每一项的作用介绍如下：

① 选中"打印在 Word 中创建的图形（R）"选项，可以打印使用 Word 绘图工具创建的图形。

② 选中"打印背景色和图像（B）"选项，可以打印为 Word 文档设置的背景颜色和在 Word 文档中插入的图片。

③ 选中"打印文档属性（P）"选项，可以打印 Word 文档内容和文档属性内容（如文档创建日期、最后修改日期等内容）。

④ 选中"打印隐藏文字（X）"选项，可以打印 Word 文档中设置为隐藏属性的文字。

⑤ 选中"打印前更新域（F）"选项，在打印 Word 文档以前首先更新 Word 文档中的域。

⑥ 选中"打印前更新链接数据（K）"选项，在打印 Word 文档以前首先更新 Word 文档中的链接。

（3）在"Word 选项"对话框中单击"高级"选项卡，在"打印选项"区域可以进一步设置打印选项，如图 7-19 所示。选中每一项的作用介绍如下：

▶ 图 7-19　在"Word 选项"对话框的"高级"选项卡中设置打印选项

① 选中"使用草稿品质（Q）"选项，能够以较低的分辨率打印 Word 文档，从而实现降低耗材费用、提高打印速度的目的。

② 选中"后台打印（B）"选项，可以在打印 Word 文档的同时继续编辑该文档，否则只能在完成打印任务后才能编辑。

③ 选中"逆序打印页面（R）"选项，可在打印时先打印最后一页，然后按逆序打印直到第一页。这样通过逆序打印方式打印完成的纸质文稿将按正常页码序排列，这对于页数较多的 Word 文档而言更易整理纸质文稿，避免了在默认设置下，多页文档打印完毕后，最后一页在最上面，第一页则在最下面，再手工将所有的页逆序整理一遍的复杂情况。

④ 选中"打印 XML 标记（X）"选项，可以在打印 XML 文档时打印 XML 标记。

⑤ 选中"打印域代码而非域值（F）"选项，可以在打印含有域的 Word 文档时打印域代码，而不打印域值。

⑥ 选中"打印在双面打印纸张的正面（R）"选项，当使用支持双面打印的打印机时，在纸张正面打印当前 Word 文档。

⑦ 选中"在纸张背面打印以进行双面打印（A）"选项，当使用支持双面打印的打印机时，在纸张背面打印当前 Word 文档。

⑧ 选中"缩放内容以适应 A4 或 8.5×11"纸张大小"选项，当使用的打印机不支持 Word 页面设置中指定的纸张类型时，自动使用 A4 或 8.5×11"尺寸的纸张。

⑨ "默认纸盒（Z）"列表中可以选中使用的纸盒，该选项只有在打印机拥有多个纸盒的情况下才有意义。

2. 打印预览

在打印之前，可以先进行打印预览，以便有不满意的地方随时修改，从而避免了不适当打印而造成的纸张和时间的浪费。若对打印预览的效果不满意，可返回文档中进行修改和调整。

打印预览的操作方法是：单击"文件→打印"命令，在打印窗口的屏幕最右侧可以预览打印效果，如图 7-20 所示。可以调整显示比例及显示的当前页面。

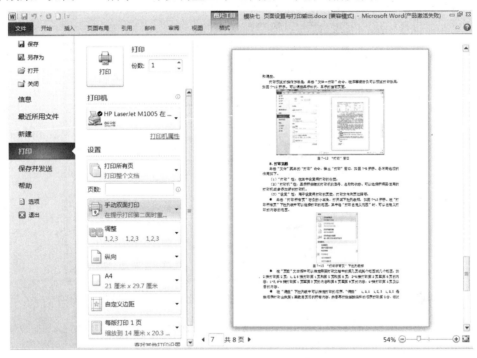

图 7-20 "打印"窗口

3. 打印文档

选择"文件→打印"命令或者按组合键【Ctrl+P】，弹出"打印"窗口，如图 7-20 所示。各常用选项的作用如下。

（1）"打印"栏：在其中设置需要打印的份数。

（2）"打印机"栏：显示所安装的打印机的型号、名称和状态。可以选择需要使用的打印机或者添加新的打印机，如图 7-21 所示。

(3) "设置"栏：用于设置需要打印的页数、打印方向和页边距等。

① 单击"打印所有页"右侧的小三角，打开其下拉列表框，如图 7-22 所示。在"打印所有页"下拉列表中可以选择打印的范围。"打印所有页"是指打印整个文档；"打印当前页面"是指打印光标位置所在的页面；"打印所选内容"选项适用于只想打印文档中某一部分内容，而不是整页的情况（可以先选择想要打印的部分，然后选择"打印所选内容"进行打印）；选择"打印自定义范围"时，可以自定义打印的内容的范围。

▶ 图 7-21 "打印机"栏

② 在默认的"单面打印"下拉列表中选择"手动双面打印"，可以弥补没有双面打印功能的打印机的不足，实现双面打印。

③ 在"页数"文本框中可以指定需要打印文档中的第几页或某个范围或几个范围。如果要打印的页面是连续页，要在起始页与终止页之间加"-"，如打印第 2 页至第 5 页的内容，可直接输入"2-5"；如果要

▶ 图 7-22 "打印所有页"下拉列表框

打印的页面是非连续页，则需在各页之间加","，如要打印第 3 页与第 6 页的内容，可以输入"3，6"。通常打印的页码范围既包括连续页也包括非连续页，如打印第 2 页、第 3 页、第 4 页、第 6 页的内容，这时在文本框中可以输入"2，3，4，6"，也可以输入"2-4，6"。如果输入"1-3，6-9"，指打印第 1 页至第 3 页的内容和第 6 页至第 9 页的内容。如果输入"4-"，指打印第 4 页及以后的内容。

④ 在"调整"下拉列表中可以指定打印的顺序，如图 7-23 所示。"调整 1,2,3 1,2,3 1,2,3"表示按顺序打印完一份完整的文档后，再打印下一份文档。也就是按顺序打印出来文档的第 1 页至最后一页间的所有内容，然后再继续按这样的顺序打印第 2 份，以此类推。"取消排序 1,1,1   2,2,2   3,3,3"指每一页打印完设定的份数后，再打印下一页。

⑤ 在"每版打印页数"下拉列表中，如图 7-24 所示，可以选择每版需要打印的页数。

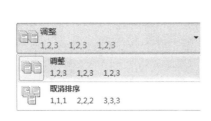

▶ 图 7-23 "调整"下拉列表

▶ 图 7-24 "每版打印页数"下拉列表

⑥ "页面设置"链接，单击该链接可以弹出"页面设置"对话框，可以对更多的打印选项进行设置。

通过"打印"窗口右侧的预览窗口预览打印效果，满意后，单击按钮 进行打印。开

始打印文档时，将弹出"打印任务"对话框，如果在打印过程中发现文档中有错误，可以双击操作系统任务栏右侧出现的打印机图标，在弹出的"打印任务"对话框中选择需取消打印的文档，执行"文件"菜单下的"取消"命令，系统将删除该打印文档，取消本次打印任务。如果不需要修改，单击该窗口标题栏右端的"关闭"按钮，关闭该窗口，继续打印文档。打印结束后，打印图标自动消失。

4．双面打印方法

（1）手动双面打印

选择"文件→打印"命令或者按组合键【Ctrl+P】，打开"打印"窗口。在"设置"区域，选中"单面打印"下拉列表中的"手动双面打印"。当开始打印时，打印机会在打印完一面后提示换纸，将纸张背面放入打印机即可打印出背面内容。每张纸都需要手动放入打印机才能打印背面。手动双面打印的方法比较麻烦，适合打印纸张很少的情况。

（2）分别打印奇数页和偶数页

如果先打印所有的奇数页，再在所有奇数页的背面打印偶数页，就能比较快速地完成双面打印。选择"文件→打印"命令，打开"打印"窗口，在"设置"区域的"打印所有页"下拉列表框的底部选择"仅打印奇数页"，并单击"打印"按钮开始打印。打印完毕，会得到按1，3，5……顺序排列的所有奇数页。将这些奇数页按小页码在上的顺序排列好之后重新放入纸匣，一般应将背面未打印的部分朝向正面（具体情况根据使用的打印机设置灵活安排）。同时要注意纸张方向，不要出现打印在背面的文字颠倒了的现象。在"设置"区域的"打印所有页"下拉列表框的底部选择"仅打印偶数页"，并单击"打印"按钮开始打印，这样可实现双面打印。

（3）双面打印

全自动双面打印需要使用具备双面打印功能的打印机。利用打印机的设置，就能在打印完一张奇数页后，自动将纸重新卷回并打印背面的偶数页。具体用法可参见双面打印机的使用说明。在打印设置中通常采用默认设置即可，其方法是，在"设置"区域的"单面打印"下拉列表框中选择"双面打印"选项，单击"打印"按钮即可开始打印。

上机实训 7

1．打开素材文件夹内的"练习1素材.docx"文档，设置纸张大小为A4，左右页边距为2.5厘米，横向打印。只打印出来第1页，打印2份。

2．打开素材文件夹内的"练习2素材.docx"文档，自定义纸张大小为宽度为20厘米，高度为15厘米，页边距默认值，横向打印，打印1份。该文档中有"喜喜"图片水印，要打印出来。

3．打开素材文件夹内的"练习3素材.docx"文档，在页脚右端插入页码，双面打印该文档，打印1份。

4．打开素材文件夹内的"练习4素材.docx"文档，在页眉中间插入页码，逆序打印该文档1份。

Word 2010 综合应用

任务 18　制作节目单

任务描述

单位举行庆祝国庆节文艺汇演，为方便主持人对文艺汇演节目报幕，也为了让观众了解本次文艺汇演的节目内容，特制作一份节目单，制作完成后保存为 Word 文档格式的"节目单"。

任务解析

在本次任务中，需要达到以下目的：
➢ 掌握创建 Word 文档，保存 Word 文档的方法；
➢ 掌握创建表格，编辑表格的方法；
➢ 掌握插入图片、图形和艺术字，设置和修改环绕方式、图像颜色饱和度、颜色填充、轮廓等图形格式的方法；
➢ 掌握选用合适的视图模式浏览文档的方法。

本次任务的操作步骤如下：

（1）新建 Word 文档"节目单.docx"，在文档中输入文本"迎国庆文艺汇演节目单"，然后通过"开始"选项卡进行设置，字体字号分别设为"隶书，小一号"，字体加粗，对齐方式为"居中"。按【Enter】键开始新的一行，输入文本"主持人：李强　王琳"，设置字体为"宋体，小四，加粗，左对齐"。将光标移至文本"主持人"前，按【Enter】键，加大标题和该行距离，再单击鼠标右键，在弹出的快捷菜单中选择"段落"命令，打开"段落"对话框，在"缩进与间距"选项卡中设置"间距"栏中的"段后"距离为"0.5 行"，单击"确定"按钮。

（2）将光标移至文本"王琳"后，按【Enter】键换行，再将光标定位在新的一行中，选择"插入→表格组→表格"命令，在其下拉列表中单击"插入表格"选项，在"插入表格"对话框中输入行列数为 18 行 3 列，单击"确定"按钮，插入一个表格。选中表格第一列，在"表格工具布局"选项卡"单元格大小"组中调整第一列的列宽为"1.7 厘米"，同样的方法，调整第二列的宽度为"8.3 厘米"，效果如图 8-1 所示。

（3）在表格第一行的三个单元格内依次输入文本"序号，节目，演出单位"。选中表格第二行，选择"表格工具布局→合并组→合并单元格"命令，将第二行三个单元格合并为一个单元格,在合并后的单元格内输入文本"篇章一:唱"。同样的方法,在表格其他单元格输入具体文字内容,效果如图 8-2 所示。

▶ 图 8-1　输入标题插入表格后效果　　　　▶ 图 8-2　节目单输入文字后效果

(4)将光标定位在表格中的任意单元格内,单击"表格工具-布局→表组→属性"选项,打开"表格属性"对话框,如图 8-3 所示。单击"选项"按钮,弹出"表格选项"对话框,在其中调整默认单元格边距上、下、左、右都为"0.1 厘米",如图 8-4 所示,单击"确定"按钮,返回"表格属性"对话框,设置对齐方式为"居中",单击"确定"按钮,返回文档。

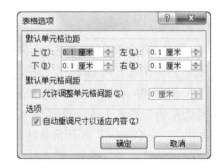

▶ 图 8-3　"表格属性"对话框　　　　　　▶ 图 8-4　"表格选项"对话框

(5)将鼠标指针指向表格,单击表格左上角图标,选中整个表格,再单击"表格工具-布局→对齐方式组→水平居中"选项,表格内文本被设为水平居中。将表格内第一行文字通过"开始"选项卡设置为"宋体,四号,加粗"。再将第二行文本"篇章一:唱"字体字号设为"方正姚体,四号"。利用"开始"选项卡中"剪贴板"组中的"格式刷"工具设置其他几个"篇章"的字体字号都相同。

(6)将光标定位在文档标题前面,按【Enter】键在其上方加一空行,将光标定位在空行上,单击"插入→插图组→图片"选项,弹出"插入图片"对话框,在其中选择素材集提供的图片"灯笼",单击"确定"按钮,则在光标所在处插入了图片,如图 8-5 所示。选中图片,按【Ctrl+C】组合键复制图片,再按【Ctrl+V】组合键粘贴,效果如图 8-6 所示。

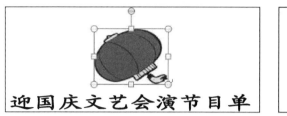
▶ 图 8-5 插入图片后效果

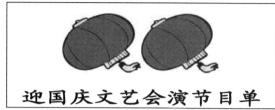
▶ 图 8-6 复制图片后效果

(7)选中第一个图片,单击"图片工具-格式→排列组→位置"选项,在弹出的下拉列表中选择图片环绕方式为"顶端居左,四周型文字环绕",同样的方法设置第二个图片的环绕方式为"顶端居右,四周型文字环绕",两个图片的位置发生改变,效果如图 8-7 所示。

▶ 图 8-7 设置图片环绕方式后效果

(8)选中第一个图片,单击"图片工具-格式→调整→颜色"选项,在其下拉列表中选择"颜色饱和度"为"400%",这时可看到图片色彩更鲜艳了。再单击"图片工具-格式→图片样式组→图片效果→映像→映像变体→紧密映像,接触"选项,设置图像的映像效果。同样的方法设置第二个图片,设置完后效果如图 8-8 所示。

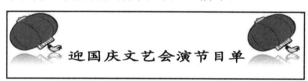
▶ 图 8-8 设置图片饱和度及映像后效果

(9)单击"插入→插图组→形状"选项,在下拉列表中选择基本形状"新月形",在标题周围单击并拖动鼠标,即可在文档中绘制出新月形形状,选中该形状,再复制两个形状,用鼠标拖曳到合适位置,再用鼠标调整其控制点来调整其旋转角度、大小和形状,调整后如图 8-9 所示。

▶ 图 8-9 绘制"新月形"图形后效果

(10)用同样的方法在标题周围绘制多个"十字星"形状。按住【Shift】键,依次用鼠标单击每个图形,以选中刚绘制的六个形状,单击"绘图工具-格式→形状样式组→▼"选项,在展开的形状样式库中选择第六行第四个样式。再单击"绘图工具-格式→形状样式组→形状效果→发光→发光变体"中第一行第三个发光效果,设置完毕效果如图 8-10 所示。

> 图8-10 设置形状样式后效果

（11）按效果图调整刚创建的几个图形位置后，将光标移到文字"主持人"前，按【Enter】键插入一空行，将光标定位在空行上，单击"插入→插图组→SmartArt"选项，打开"选择 SmartArt 图形"对话框，在该对话框中选择"流程→基本 V 型流程"，则在文档中出现流程图，在该图形中按前面章节介绍的方法输入文本"唱，读，讲，传"，并设置字体为"宋体，18 号，加粗"。用鼠标拖动该 SmartArt 图形控制柄，调整其大小。选择该图形，单击"SmartArt 工具 - 格式→SmartArt 样式组→更改颜色"选项，在下拉列表中选择"彩色"组的第五个样式，再单击该组 SmartArt 样式库按钮，在展开的样式库中选择"三维"组中"优雅"样式，效果如图 8-11 所示。

> 图8-11 调整形状位置及绘制"SmartArt 图形"后效果

（12）将光标定位在文档末尾，单击"插入→文本组→艺术字"选项，在展开的艺术字样式库中选择第六行第二个艺术字样式，文档中出现艺术字输入框，在其中输入艺术字文本"歌颂祖国 爱我家乡"，并设置文本字体为"华文行楷"，用鼠标拖动艺术字到合适位置。

（13）选中艺术字，单击"绘图工具 - 格式→艺术字样式组→文本填充"选项，在下拉列表中选择标准色中的"红色"。单击该组"文本轮廓"按钮，在下拉列表中选择标准色中的"黄色"。再单击该组"文本效果"按钮，在下拉列表中选择"转换→弯曲组→腰鼓"转换样式，设置完毕后艺术字效果如图 8-12 所示。

> 图8-12 艺术字效果

（14）单击"插入→插图组→形状"选项，选择"矩形"形状，然后拖动鼠标绘制一个与页面大小相同的矩形，单击"绘图工具 - 格式→排列组→自动换行→衬于文字下方"选项，使该矩形位于所有文字下方。单击"绘图工具 - 格式→形状样式组→形状填充→渐变→其他渐变"选项，打开"设置形状格式"对话框，在该对话框左侧选择"填充"，在右侧窗格中，首先单击"渐变填充"前的单选按钮，选择"预设颜色→雨后初晴"，这时在下面的"渐变光圈"处出现了四个"停止点"，最后依次设置四个"停止点"颜色。单击"停止点 1"，单击下方"颜色"下拉三角按钮，选择"红色"，再单击"停止点 2"，单击下方"颜色"下拉三角按钮,选择"金色","停止点 3"为"黄色","停止点 4"为"白色",如图 8-13 所示。设置完毕,单击"关闭"按钮。

(15)选定矩形框状态下,再单击"形状填充→渐变→变体→从右上角"选项,这样为节目单添加了一个背景效果。单击"视图→文档视图组→阅读版式视图"选项,可看到文档"节目单"的整体制作效果,查看完毕,单击窗口右上角的"关闭"按钮,返回"页面视图"。至此,"节目单"制作完毕,制作效果如图8-14所示。

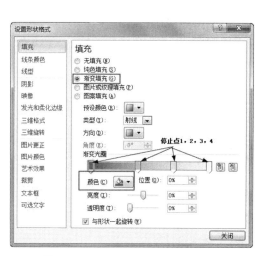

▶ 图 8-13 设置形状的渐变填充

▶ 图 8-14 节目单效果图

任务 19 设置并打印"荷塘月色"

任务描述

朱自清的散文《荷塘月色》写的极美,读起来朗朗上口,特别受人欢迎。这几天邻居家上小学的孩子吵着要看这篇文章,邻居请求帮他把这篇散文打印出来,以方便孩子诵读学习用。所以任务就是把从网上下载的这篇散文进行设计、美化、综合排版后打印出来。

任务解析

本次任务,需要达到以下目的:
➢ 掌握设置文本格式、段落格式的方法;
➢ 掌握设置首字下沉、分栏排版的方法;

- 掌握添加艺术字、插入图片并进行格式设置的方法；
- 掌握设置页眉和页脚的方法；
- 掌握页面设置、打印选项设置、打印文档的方法。

任务完成后，会得到如图 8-15、8-16 所示的打印文档。

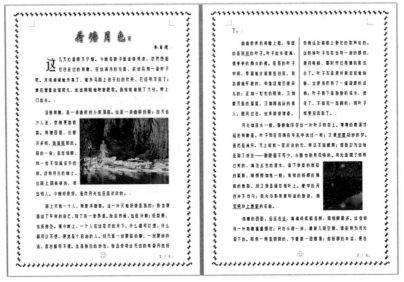

▶ 图 8-15　打印出的文档第 1 页和第 2 页

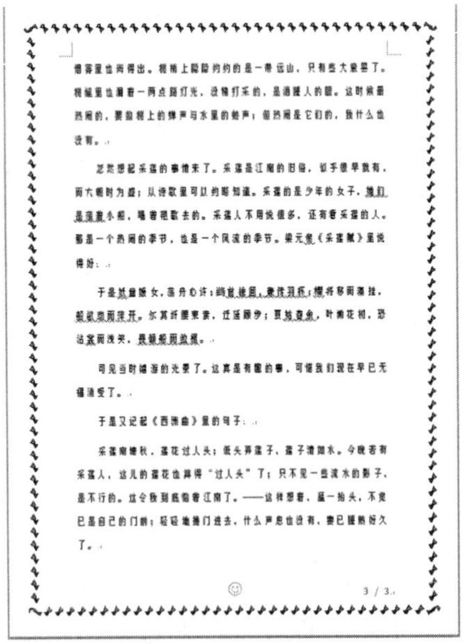

▶ 图 8-16　打印出的文档第 3 页

本次任务操作步骤如下：

（1）打开素材文件夹内的"荷塘月色.docx"文件，选定"荷塘月色"四字，单击"插入→文本组→艺术字"选项，在艺术字下拉列表中，单击第六行第三列的样式类型，如图 8-17 所示。设置艺术字的字体为"华文行楷"，字号为"小初"。选中艺术字，单击"绘图工具－格式→文本效果→阴影→外部→向上斜偏移"阴影效果。

选中艺术字"荷塘月色",单击"开始→字体组→ "选项,打开"字体"对话框,如图 8-18 所示,单击"字体"对话框的"高级"选项卡,在"字符间距"下"间距"右侧选择"加宽",在"磅值"右侧输入"6 磅",单击"确定"按钮。选中艺术字,单击"绘图工具－格式→排列组→位置→嵌入到文本行中"选项,并居中。选定"朱自清",设置字体"华文行楷",字号"三号","右对齐"。选定正文,单击"开始→字体组→字体→方正姚体→字号→四号→字体颜色→黑色"选项。

▶ 图 8-17 插入艺术字

▶ 图 8-18 "字体"对话框

(2)将光标定位在文档开始处,单击"开始→编辑组→替换"选项,打开"查找和替换"命令的对话框,单击"更多"命令按钮,显示如图 8-19 所示的选项。单击"特殊格式"命令按钮,显示如图 8-20 所示的"特殊格式"的选项列表。首先找到并单击"手动换行符"选项,然后单击"替换为"右侧输入框,再单击"特殊格式"命令按钮,在"特殊格式"选项列表中单击"段落标记",最后单击"全部替换"按钮,完成把"手动换行符 ↓"替换为"段落标记 ↵"的替换操作。

▶ 图 8-19 "查找和替换"命令"更多"窗口

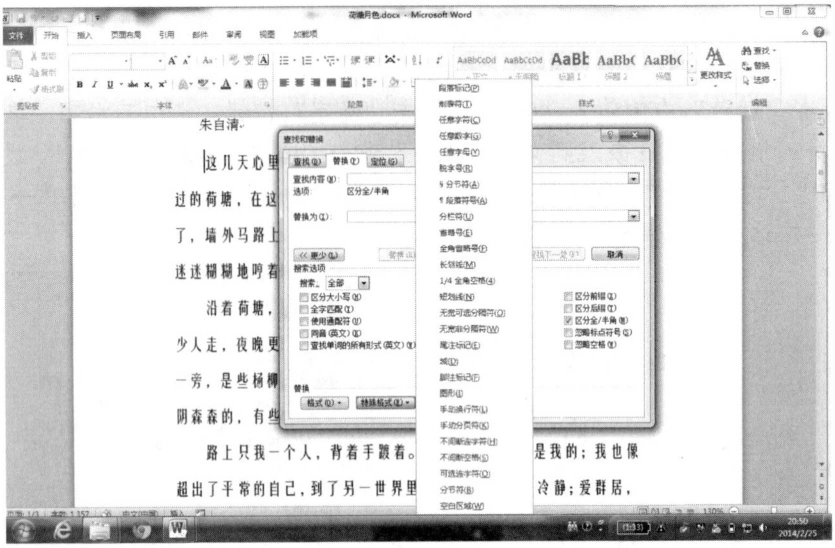

▶ 图 8-20 "查找和替换"命令中的"特殊格式"列表

（3）单击"开始→段落组→ ▫ "选项，在"段落"对话框中"缩进和间距"选项卡下"缩进"栏中的"特殊格式"下拉列表框中选择"首行缩进"，右侧输入"2 字符"。在"间距"栏中的"段前"设置"0.5 行"，"段后"设置"0.5 行"，"行距"下拉列表中选择"单倍行距"，单击"确定"按钮。

（4）将光标定位于正文第一段的段首，单击"插入→文本组→首字下沉"选项，打开"首字下沉"对话框，选择"下沉"，"下沉行数"2 行，单击"确定"按钮。

（5）选中文档中"曲曲折折的荷塘上面……"一段的文本，单击"页面布局→分栏→更多分栏"命令，打开"分栏"对话框，选择"两栏"，勾选"分隔线"和"栏宽相等"复选框，"应用于"下拉列表中选择"所选文字"，单击"确定"按钮，完成分栏操作。

（6）选择"页面布局→页面背景→页面边框"命令，打开"边框和底纹"对话框，单击"页面边框"选项卡，选择"方框"、宽度为 20 磅、艺术型类型，"应用于"下拉列表框中选择"整篇文档"，如图 8-21 所示，单击"确定"按钮，为文档添加艺术型页面边框。

（7）将光标定位在正文第二段落，单击"插入→图片"选项，在"插入图片"对话框中，选定"素材"文件夹内的"荷塘.jpg"文件，单击"插入"命令按钮。选中该图片，单击"图片工具－格式→位置→中间居右，四周型文字环绕"，如图 8-22 所示。将光标定位在图片"月光如流水一般"一段中，插入"荷塘月色.jpg"图片，设置为"中间居右，四周型文字环绕"。分别选中这两幅图片，按住【Shift】键通过拖动控制柄将其大小等比例缩小。

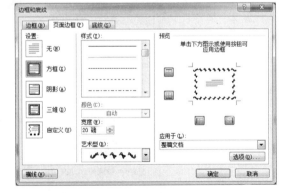

▶ 图 8-21 "边框和底纹"对话框

（8）单击"插入→页眉和页脚组→页码→设置页码格式"选项，在"页码编号"的起始页码设置为"1"，单击"确定"按钮。再单击"页码→页面底端→加粗显示的数字"选项，插入页码。这时处于页眉页脚编辑状态，选中页码，设置对齐方式为右对齐。在页码的左侧单击鼠标,单击"插入→符号",在"符号"对话框中,单击"符号"选项卡,在"字体"下拉列表中选择"wingdings",从中找到符号"☺"后单击"插入"按钮,并设置字号为"小初"、颜色为"深红色",对齐方式为"居中",效果如图 8-23 所示。最后单击"页眉和页脚工具-设计→关闭组→关闭页眉和页脚"命令,或者在文档的正文处双击鼠标,均可退出编辑页眉页脚状态。

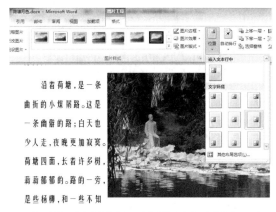

> 图 8-22　插入图片并设置其位置

> 图 8-23　在页脚插入符号"☺"和页码

(9)单击"页面布局→页面设置→ ▫ "选项,打开"页面设置"对话框,"页边距"选择默认值,"纸张方向"选择"纵向","纸张大小"选择"A4",其他值默认。

(10)单击"文件→选项",在"Word 选项"对话框中单击"显示"选项卡,在"打印选项"区域勾选"打印在 Word 中创建的图形"复选框。

(11)单击标题栏左端常用工具按钮栏中的"保存"按钮 ▫ 或者按组合键【Ctrl+S】,保存文件。

(12)单击"文件→打印"命令或者按组合键【Ctrl+P】,在"设置"区域中选择"打印所有页","打印"栏中的"份数"里输入"2"。从预览窗口中可以看到要打印的效果,设置满意后,单击"打印"按钮 ▫ ,开始打印。

 任务 20　制作丰富多彩的 CD 封面

任务描述

CD 光盘作为常用的数据存储介质在现实生活中使用很多,除音乐光盘、视频光盘已屡见不鲜外,现在大部分出版的书籍也都有配套光盘,用于存储与本书内容相关的资料。本任务就是制作如图 8-24 所示的 CD 封面。

> 图 8-24　光盘封面效果图

任务解析

本次任务中，需要达到以下目的：
➢ 掌握插入图形，并添加背景图片的方法；
➢ 掌握设置图形格式的方法；
➢ 掌握插入文本框的方法。

本次任务的操作步骤如下：

（1）新建一个空白文档，选择"插入→插图组→形状→基本形状→椭圆 ⬭"选项，打开如图 8-25 所示的下拉选项列表框，按下【Shift】键的同时在页面上拖动出一个正圆。

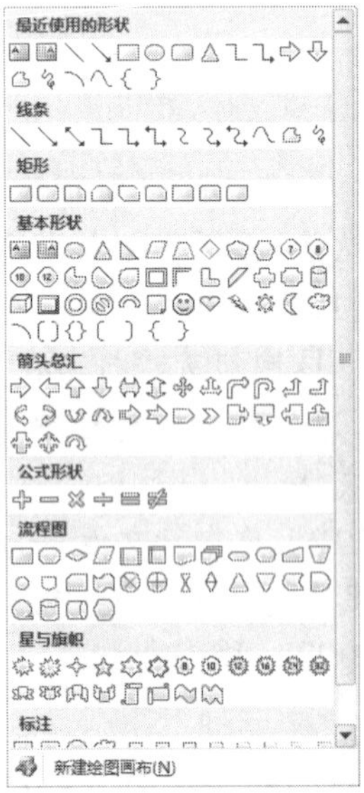

（2）选中"圆形"，单击"绘图工具 – 格式→大小组→ 按钮"选项，在"布局"对话框，将"大小"选项卡下的高度和宽度"绝对值"的值调整为 12 厘米（也可以直接在"大小"选项组中的"形状高度"和"形状宽度"对应的两个文本框中直接调整其值，分别调整为 12 厘米）。在对话框中单击"位置"选项卡，在"水平"栏中的"对齐方式"中选择"居中"，单击"确定"按钮。

（3）右键单击插入的圆形，在快捷菜单中选择"设置形状格式"菜单，打开如图 8-26 所示的"设置图片格式"对话框。在左侧窗格中选择"填充"功能项，在右侧对应的窗口中选择"图片或纹理填充（P）"选项，单击"插入自"下面的"文件（F...）"按钮，打开"插入图片"对话框，如图 8-27 所示。选择相应图片后单击"插入（S）"按钮，效果如图 8-28 所示。

> 图 8-25　插入图形下拉列表框

（4）用相同的方法绘制一个尺寸为 4 厘米的正圆，水平居中，右键单击插入的圆形，在快捷菜单中选择"设置形状格式"菜单项，打开"设置形状格式"对话框。在左侧选择"填充"功能项，在右侧窗口中选择"纯色填充（G）"，在下方的"填充颜色"选项区中单击"颜色（C）"后面的下拉按钮，在打开的"主题颜色"选项中选择一种浅一些的颜色块，单击"关闭"按钮,如图8-29所示。

▶ 图8-26 "设置图片格式"对话框

▶ 图8-27 "插入图片"对话框

▶ 图8-28 光盘主封面效果

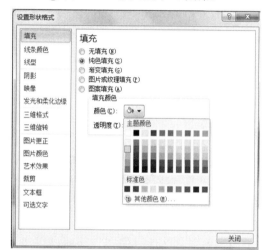

▶ 图8-29 设置填充颜色对话框

(5)绘制一个尺寸为 2 厘米的正圆,水平居中,右键单击插入的圆形,在快捷菜单中选择"设置形状格式"菜单项,在"设置形状格式"对话框的左侧选择"线型",在宽度的右侧位置将其宽度设置为 1 磅,单击"短划线类型"后的下拉按钮,选择一种线型,如图8-30所示。在左侧选择"填充"项,在右侧窗口中设置一种浅的填充颜色,关闭该对话框。

(6)同时选中这三个圆对象,单击"绘图工具-格式→排列组→对齐"选项,分别选择"左右居中"和"上下居中"两菜单项,使这三个圆具有相同的圆心。

(7)插入艺术字"Word 2010 实用教程"。

(8)选中插入的艺术字,单击"绘图工具-格式→艺术字样式组→文字效果 A→转换"选项,

▶ 图8-30 设置线型对话框

在其级联菜单中选择一种形状样式，再拖动艺术字四周的控制柄调整艺术字的大小及形状。

（9）右键单击该艺术字边框，在打开的如图8-31所示快捷菜单中选择"置于顶层→置于顶层"选项。

（10）单击"插入→文本组→文本框"选项，在打开的如图8-32所示的下拉列表框中选择"绘制文本框"命令。在文档中拖动鼠标绘制一个横排文本框，输入内容"电子工业出版社"、"ISBN 666-66666-888-8"，将其排列成两行。选中这两行文本，单击"开始→段落组→分散对齐"选项。

图8-31 右击艺术字时的快捷菜单

图8-32 插入文本框时对应的下拉列表框

（11）右键单击文本框，在快捷菜单中选择"设置形状格式"菜单，在打开的对话框左侧选择"填充"，在右侧列表中选择"无填充"，单击左侧"线条颜色"，右侧列表中选择"无线条"，单击"关闭"按钮，关闭该对话框。再选中该文本框，将其移动到光盘封面的相应位置上，并置于顶层排放。

（12）单击"文件→保存"选项，在"另存为"对话框中，确定保存路径及文件名，单击"保存"按钮。

任务21　设计自己班级的宣传页

任务描述

学校准备组织一场班级展示赛，要求通过各种形式全方位展示各自班级的特点，介绍班级成绩、班级的老师和同学等。让我们一起来设计班级的宣传页吧，请各位评委们通过宣传页来了解我们的班级，认识我们的班级。

任务解析

本次任务，需要达到以下目的：
- 掌握插入图片并进行格式设置的方法；
- 掌握设置纸张方向、纸张大小的方法；
- 掌握添加水印的方法；

➢ 掌握把文档作为邮件的附件发送的方法；
➢ 掌握文档保护的方法。

如图 8-33 所示为完成后的效果。

▶ 图 8-33　打印的班级宣传页效果

本次任务的操作步骤如下：

（1）启动 Word，把默认的"文档 1.docx"保存为"班级宣传页.docx"。单击"文件→选项"，在弹出的"Word 选项"窗口中，选择左边的"显示"按钮，去掉"始终在屏幕上显示这些格式标记"下面的"段落标记"前面的勾选。这样，会隐藏段落标记，使班级宣传页变得美观。

（2）单击"页面布局→纸张方向"选项，在下拉列表中选择"横向"。默认 A4 的纸张大小。

（3）单击"页面布局→水印→自定义水印"选项，打开"水印"对话框，如图 8-34 所示。选中"图片水印"，选择"选择图片"按钮，在素材里找到"菊花.jpg"图片，单击"插入"按钮。单击"缩放"右侧的下拉箭头，选择 200%，最后单击"水印"对话框下方的"确定"按钮，完成水印的插入。

此时会发现和水印一起插入的还有位于页眉位置的一条横线，如图 8-35 所示。有这条横线不太美观，应该把它删除。首先，双击页眉位置，进入页眉编辑状态，按下【Ctrl+Shift+n】组合键，横线被删除，最后单击"关闭页眉页脚"按钮。

▶ 图 8-34　"水印"对话框

▶ 图 8-35　页眉中的横线

（4）单击"页面布局→页面边框"，在"边框和底纹"对话框中左侧的"设置"区选择"方框"，在艺术型中选择"樱桃型"，应用于"整篇文档"，最后单击"确定"按钮，如

图 8-36 所示。

（5）将光标定位在第一行，插入艺术字"我爱你-2014级1班"，设置字体为"华文新魏"，艺术字样式选择样式库中第三行第二个样式，用鼠标拖动艺术字到合适位置。

（6）选中艺术字，单击"绘图工具-格式→艺术字样式→文本轮廓→红色"选项，再单击该组"文字效果→棱台→棱台→圆"效果。选择"文字效果→转换→弯曲组→正方形"，设置完后艺术字效果如图 8-37 所示。

图 8-36 "边框和底纹"对话框　　　　图 8-37 艺术字效果

（7）单击"插入→插图→形状"选项，在其下拉列表的"基本形状"组中选择"心形"形状，然后拖动鼠标绘制三个与图 8-33 所示大小相近的心形。

（8）首先美化第一个心形效果。选中第一个心形，单击"绘图工具-格式→形状填充→橙色，强调文字颜色6，淡色 80%"，单击"其他填充颜色"，设置透明度为"88%"，单击"关闭"按钮。单击"形状轮廓→粗细→4.5 磅"，单击"插入→文本框→绘制文本框"，在心形区域上方绘制一个大小适中的文本框。选中文本框，单击选择"绘图工具-格式→形状填充→无填充"选项，单击选择"形状轮廓→无轮廓"。把插入点移至文本框中，输入文字：班级誓言，选中文字，单击选择"开始→字体组→华文中宋→小二号→加粗→字体颜色'红色'"，继续在第二行输入"我自信！我成功"，选中文字后选择"华文中宋"→四号→加粗→字体颜色"红色"。选中文本框，单击"绘图工具-格式→排列组→ 下移一层 "选项，使文本框位于心形下方。同时选中文本框和心形，单击"排列组→ →组合"选项，把文本框和心形组合成一起，效果如图 8-38 所示。

（9）美化第二个心形。选中心形，单击"绘图工具-格式→形状填充→大红"选项，单击"形状轮廓→无轮廓"选项。单击"绘图工具-格式→形状样式右下角的 按钮"选项，打开"设置形状格式"对话框。单击"填充"选项，把"透明度"设置为"70%"，单击"关闭"按钮。

单击"插入→图片"，在"插入图片"对话框中选择需要插入的笑脸图片。选中图片，改变图片大小，单击"图片工具-格式→排列组→自动换行→四周型环绕"选项，拖动图片至心形之上合适的位置。

在心形中间位置插入老师的图片，选中图片，单击"图片工具-格式→图片样式组→图片效果"，在下拉列表中选择"阴影→外部→左下斜偏移"，"柔化边缘→5 磅"，"发光→发光变体→红色，18pt 发光，强调文字颜色 2"。

插入所有图片后，选中所有图片，单击"图片工具-格式→排列组→ →组合"，把插入的所有图片组合在一起。

选中心形,单击"绘图工具-格式→排列组→上移一层→置于顶层"选项,使心形位于最顶层。同时选中图片和心形,单击"排列组→ 🖾 →组合"选项,把图片和心形组合成一起。

效果如图8-39所示。

▶ 图8-38 第一个心形效果

▶ 图8-39 插入图片编排格式后的心形效果

(10)选中第三个心形,单击"绘图工具-格式→形状填充→深红"选项,单击"形状轮廓→无轮廓"。打开"设置形状格式"对话框,如图8-40所示。单击"发光和柔化边缘"选项,在右侧的"发光"下方的"预设"中,单击右侧下拉箭头,选择"发光变体-橙色,18p发光,强调文字颜色6"。在颜色右侧下拉列表中选择"红色",大小设置为"30磅",透明度为"60%",单击"关闭"按钮。

在心形区域上方绘制一个大小适中的文本框,把文本框设置为无填充,无轮廓,输入如图8-41所示文字,选中"老师寄语",单击"开始→华文琥珀→四号→加粗"选项,选择其他文字,选择"楷体→五号→加粗"。选中所有文字,在"绘图工具-格式"中单击"艺术字样式→快速样式→第四排第一个样式",将文字设置为艺术字样式。选中除"老师寄语"的其他文字,单击"字体组"右下角按钮 ,打开"字体"对话框。单击"高级标签→间距右侧下拉箭头→紧缩"选项,设置磅值为1磅,单击"确定"按钮。选中文本框,同时选中心形,单击"排列组→ 🖾 →组合"选项,把文本框和心形组合在一起,效果如图8-41所示。

▶ 图8-40 "设置形状格式"对话框

▶ 图8-41 第三个心形效果

（11）保存文件。

（12）单击"文件→打印"选项，预览"班级宣传页"的整体制作效果，可以根据喜好，对班级宣传页进行设计、修改，最后单击"打印"按钮，开始打印。

在编辑宣传页时，可以拖动窗口右下角的显示比例箭头  调整显示比例，看到整体效果。

（13）把编辑好的班级宣传页发送到班主任的邮箱。选择"文件→保存并发送→使用电子邮件发送→作为附件发送"。如果计算机没有配置好 Microsoft Outlook，需要先完成配置，否则会显示如图 8-42 所示消息框。如果已经配置好 Microsoft Outlook，执行"作为附件发送"命令，在如图 8-43 所示的窗口的收件人位置输入班主任的邮箱，在邮件编辑区输入想对班主任说的话，单击"发送"按钮，设计好的班级宣传页就会作为邮件的附件发送出去。

图 8-42　Microsoft Outlook 配置消息框

图 8-43　邮件编辑窗口

图 8-44　限制格式和编辑

（14）为了使设计好的班级宣传页不让其他人随便修改，需要保护文档。单击"文件→信息→保护文档→限制编辑"，在文档的右侧显示"限制格式和编辑"，如图 8-44 所示。勾选"1.格式设置限制"下方的"限制对选定的样式设置格式"。单击下方的"设置"按钮，打开"格式设置限制"对话框，可以进行进一步的格式和样式限制设置。勾选"2.编辑限制"下的"仅允许在文档中进行此类型编辑－不允许任何更改（只读）"，最后单击"是，启动强制保护"按钮，打开如图 8-45 所示的对话框。保护方法可以选择为密码保护或用户验证。一般使用密码的方式保护文档，输出两次密码后单击"确定"按钮。如果需要取消限制编辑，在窗口右下角单击"停止保护"，然后在如图 8-46 所示的对话框中输入密码，单击"确定"按钮。

图 8-45　"启动强制保护"对话框

图 8-46　"取消保护文档"对话框

综合实训

1. 根据素材集"教师职业成长梯状发展图"中提供的文字及图片，做出如图8-47所示的效果，效果图见素材集Word文档"教师职业成长梯状发展图（效果）"。具体要求如下：

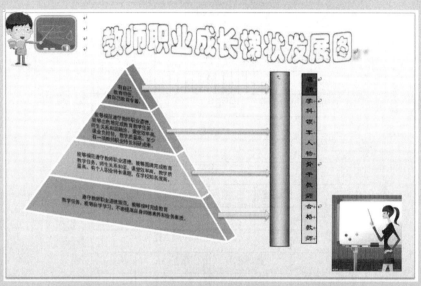

▶ 图8-47 "教师职业成长梯状发展图"效果图

（1）新建一个Word文档，"纸张方向"选"横向"，并以文件名"教师职业成长梯状发展图"保存。

（2）在左上角插入剪贴画"教师"。

（3）插入艺术字"教师职业成长梯状发展图"，文字字体字号为"华文彩云，小初"，艺术字的文本填充为"红色"，文本轮廓为"黄色"，转换效果为"波形1"，并将艺术字放到合适位置。

（4）插入SmartArt图形，根据效果图为该图形选择合适的布局、颜色、SmartArt样式及对齐方式等，图形内容使用"教师职业成长梯状发展图"文档中文字。

（5）在SmartArt图形右侧创建四个水平箭头及一个垂直文本框，箭头的形状样式选样式库"第四行第七个"样式，文本框用"红黄红"三色渐变填充，并将箭头与文本框进行组合。

（6）在图示位置插入一个"4行1列"表格，四个单元格内容分别是"名师，学科领军人物，骨干教师，合格教师"，单元格底纹颜色分别是"红，绿，蓝，黄"。

（7）在右下角插入素材给定图片"教师.jpg"，图片大小调整为高"4厘米"。

（8）插入"矩形"形状作为背景，形状样式选样式库"第四行第四个"样式。

2. 新建一个Word文档，并以"新生入学报名表.docx"为名进行保存，文档内容是制作一份新生入学报名表，效果如图8-48所示，要求：

（1）表格标题文字为"黑体，二号，居中"，标题行段后间距为"0.5行"。

（2）"年月日"行的文字为"宋体，小四"，段后间距设为"0.5行"。

（3）表格中所有文字为"宋体，小四"，文字对齐方式为"水平居中"。

（4）表格外框线选如图所示的线型，宽度为"1.5磅"，线条颜色为"主题颜色"中"红色，强调文字颜色2，深色25%"。

（5）将表格中部分单元格加上底纹，底纹颜色为"主题颜色"中的"茶色，背景2"。

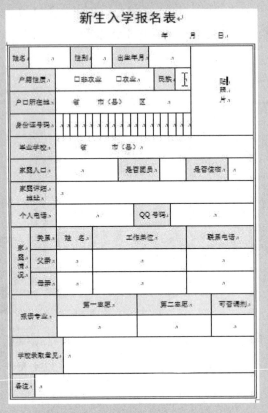

图8-48 新生入学报名表效果图

3. 用Word设计一份生日贺卡，并用彩色打印机打印出来送给朋友。

4. 设计一份主题为"保护环境"的宣传栏。要求用到文本输入、文本编辑、字符格式设置、段落格式设置、项目符号与编号、边框与底纹、分栏排版、页面设置、插入艺术字、插入形状、插入图片等知识。

5. 为学校校刊制作一页封面。要求有刊物名称、学校名称、第几期及出版时间等。

6. 请利用所学知识为自己刻录的CD音乐光盘及数据光盘设计封面。要求用图片作为光盘背景，有音乐或数据目录、演唱及刻录日期。

7. 设计一份主题为"美食美图"的彩页，把你喜爱的美食的烹饪过程制作成一份精美的画册。